実務にすぐ役立つ

実践的実験計画法

superDOE分析

花田 憲三 [著]

日科技連

は じ め に

　筆者は㈶日本科学技術連盟にて，実験計画法をセミナーで講義してきた．しかし，一般的に実験計画法は数式が一杯出てきて難解であるという感想が多い．いろいろな統計的な解析手法の中でも，この実験計画法と多変量解析法がむずかしく感じられているようである．一方，研究室や企業においては，業務のスピード化と，技術の蓄積が近年叫ばれているが，このために何をすればよいか，わからなくて困惑しているのが実態である．筆者の経験からして，この2つの要求に対し，実験計画法は非常に有効である．このことを同じ命題(業務のスピード化と，技術の蓄積)で悩んでいる人に，修得してもらおうと努力したが，あまり芳しくなかった．

　その理由として，現在教えている実験計画法は，
① 数学の知識がないと内容が理解できない．
② 良い解析ソフトを提供していないため，手計算を強要している．
③ 理論を知らないと結果を正しく求められない．
④ 講義が終わっても，計算をするのが精一杯で意味を理解して実務で使いこなせる状態にならない．

ことがあげられる．そこで，むずかしい理論は少し横において，簡単に使え，実務にすぐに役立てるような方法はないかと研究した末に出した結論が，
① あらかじめ準備した割り付け表(直交表)を用い，
② 解析を専用のソフト(エクセルをもっていれば動作する)で行う，
③ また，解析結果を報告書にそのまま貼り付けることができる，

である．そのための簡単なツールを開発した．このツールを本書に添付するとともに，その使い方と応用方法について紹介する．

　superDOE分析は，実験計画法の英語表記である，Design Of Experimentの頭文字をとったもので，1980年代に日本のTQC(日本的な全社的品質管理活動)を研究したアメリカから提案されたシックスシグマや，米自動車メーカー

はじめに

のビッグ3の部品納入規格であるQS9000の中で開発ツールとして提唱しているDOE分析の機能を，

 ① 2水準以外でも適用できる，（DOE分析は2水準直交表が基本）
 ② 重回帰分析不要， （DOE分析は重回帰分析を用いる）
 ③ 直交表以外でも適用可能，（DOE分析は2水準直交表が基本）
 ④ 欠測値にも対応可能， （DOE分析は欠測値不可）

というような点で機能を強化したものである．しかも，直交表実験と重回帰分析といった2つのツールを用いて解析するのではなく，1つのツールで解析でき，操作も簡単である．以上の理由により，superDOE分析と名付けた．

最後に，本企画の遂行にあたり，大阪電気通信大学の辻谷教授，日科技連の山田様と日科技連出版社の小川様には多大なお世話になりました．紙面を借りてお礼を申し上げます．

平成16年8月

花　田　憲　三

目　　次

はじめに……………………………………………………………………… iii

第1章　superDOE分析（スーパーDOE分析）とは ……………… 1

1.1　日常業務において，こんなことで困っていませんか？ ………… 1
1.2　解決手段のいろいろ ……………………………………………… 3
1.3　解決手段superDOE分析とは …………………………………… 4
1.4　superDOE分析手順 ……………………………………………… 6
1.5　superDOE分析ソフトの使い方 ………………………………… 17
1.6　実験の準備・検討（全体手順と考慮すべき事項）…因子の割り付け表　28
1.7　割り付け表としての直交表の種類 ……………………………… 31
1.8　実験の計画（因子の割り付けの方法）…………………………… 33
1.9　結果の見方のポイント
　　　（重相関係数，分散分析表，係数表，有効繰返し数）………… 38

第2章　開発や改善における試験・実験例……………………………… 43

2.1　因子数が7以下で，因子の水準が2種類ずつ（2水準ずつ）
　　　（L_8直交表）………………………………………………………… 43
2.2　因子数が15以下で，因子の水準が2種類ずつ（L_{16}直交表）……… 48
2.3　因子数が4以下で，因子の水準が3種類ずつ（3水準ずつ）
　　　（L_9直交表）………………………………………………………… 54
2.4　因子数が13以下で，因子の水準が3種類ずつ（L_{27}直交表）……… 58
2.5　因子数が5以下で，因子の水準が4種類ずつ（4水準ずつ）
　　　（L_{16}直交表）……………………………………………………… 66

目 次

2.6 因子数が6以下で，因子の水準が5種類ずつ(5水準ずつ)
　　(L_{25}直交表) ……………………………………………………… 70
2.7 ほとんど2水準因子なのだが，ひとつ4水準因子がある〔多水準法〕 75
2.8 ほとんど2水準因子なのだが，ひとつ3水準因子がある〔擬水準〕 82

第3章　実験における応用例(既割り付け表以外の分析法) …… 93

3.1 応用例-1　新製品を開発したが，どのように評価するか ………… 93
3.2 応用例-2　試作した新製品の数が違ってしまった ……………… 97
3.3 応用例-3　検討すべき項目(因子)が2つ ………………………… 102
3.4 応用例-4　検討すべき2つ項目の組み合わせで効果が変わる
　　　　　　　(各々複数個のデータ) ………………………………… 107
3.5 応用例-5　ばらつきの大きさも同時に検出したい(混合模型) …… 119

第4章　superDOE分析利用上の注意点 ……………………… 127

4.1 交互作用の検出(直交表と直交表以外の実験配置において) ……… 127
4.2 欠測値の出方と解析可能範囲 ……………………………………… 133
4.3 多重共線性(因子毎情報の取り出し限界について) ……………… 142

第5章　superDOE分析の理論 …………………………………… 149

5.1 superDOE分析によるモデル化 …………………………………… 149
5.2 superDOE分析の解法(理論) ……………………………………… 159

参考文献 ……………………………………………………………………… 182
付属CD-ROMについて ……………………………………………………… 183
索　　引 ……………………………………………………………………… 185
著者紹介 ……………………………………………………………………… 189

第1章　superDOE分析（スーパーDOE分析）とは

1.1　日常業務において，こんなことで困っていませんか？

われわれは業務の中でいろいろなことに直面している．その中でも，こんな事ができたらよいのにと思うことがないだろうか．

（ケース1）　新製品の開発担当者A―開発スピードアップ

新製品の開発部門に所属しているが，どのようにすれば早く・確実に開発ができるか．特に，近年，開発期間の短縮がもっとも重要なファクターになってきている．他社よりも1カ月早く開発できれば，大きなアドバンテージ（優位性）をとれるのである．また，そのためにも，今回の開発中に得られた知識を，次の開発に生かしていきたい．今回の開発で得られた知識を次回の開発でも活用できる汎用性・普遍性のある結果としたい．以上の条件を満足する開発方法はどのようにすればよいか．

（ケース2）　新製品の開発担当者B―試作実験時のトラブル発生時

実験計画法にのっとって試作を行ったが，手順や操作ミスで試作品を作れなかった．やり直すにも予備の材料がない．もしくは，予備の材料はあるが，やり直す時間がない．いままで学んだ実験解析方法のテキストを見たが，正しい解析の方法がわからない．このような場合，どのように対処すればよいか．

（ケース3）　新工場の稼働責任者・担当者―新設備垂直立ち上げ

新製品を生産するため新しい工場を稼働することになった．新製品を安定して量産化するための生産条件を早急に決定しなければならない．生産条件を決めるためのテスト期間を最短にし，不具合の発生しない生産条件を得たい．どのようにしてこの生産条件を短時間で確実に得ることができるか．

（ケース4）　既存工場の製造方法・工法の改革・改善担当者C―コスト低減対策

第 1 章　superDOE 分析（スーパー DOE 分析）とは

現場の生産技術を担当している．他社とのコスト競争に勝つために，コストダウンのための改善を行うことになった．どの納入会社の部品・原材料や，どのような新工法・製法を採用すれば，コストダウンの目的を達成し，かつ，安定して良い製品を作り続けることができるか？

（ケース 5）　既存工場の製造方法・工法の改革・改善担当者 D —— 品質不良低減対策

他社との競争に勝つために，品質の向上・安定を達成し，さらに不適合品（不良品・不具合品）を大幅に減少したい．どのように調査し，対策を実施すればよいか．確実な方法を用いて実施したい．どのようにすればよいか．

（ケース 6）　ベテランが定年退職した後の若手生産技術担当者 —— 技術伝承対策

いままでは会社設立以来の超ベテランがいて，生産条件を決めていた．今回，その人達が定年退職をむかえた．先輩の保有していた技術レベルになるのに，先輩が経験した年月をかけていたのでは，同業他社に差を付けられる．さらに，いま以上の技術レベルに到達することが求められている．どのような方法で行えばよいか．

以上の他にもいろいろな場面が考えられる．次頁の表 1-1 に，業務の各段階におけるニーズを箇条書きで示す．

このようなニーズを実現するために大切なことは事実にもとづいて判断することである．理論，経験や固有技術を事実にもとづいて実証していかねばならない．この実証していく段階で，従来から各種方法やツールが開発されるとともに紹介されている．

理論，経験や固有技術を事実にもとづいて実証するときに，定量的な評価を行う．このような定量的な結果を得るためには，"やみくも"に試験や実験を行いデータを採っても，得られるもの（得られた情報の精度や確かさ）は非常に少ない．投入する資源（人・もの・資金）を最小にして，得られるものを最大にするような方法を提供できるのが，良い解析ツールであると言える．

表1-1 業務の段階におけるニーズ

業務の段階	利用のニーズ
設計・開発時	① 開発の迅速化(スピードアップ) ② 設計手直し率の減少 ③ 量産時問題による再設計率の減少 ④ 設計技術の蓄積,設計作業の標準化(技術伝承) ⑤ 試作実験での欠測値発生,解析困難時
量産前の段階	① 詳細な生産条件の決定 ② 早期本格化生産への移行(垂直立ち上げ)
通常生産段階	① 品質向上,コスト低減 ② 工法・製法の変更 ③ 不適合品(不良品・不具合品)の減少 ④ 超ベテランが定年退職した後の生産技術維持
技術の伝承・蓄積	① ベテランが定年退職した後の生産技術向上 ② いままでKKDでやってきた技術の定量的把握 ③ 設計技術や製造技術の蓄積

(注) KKD:ケーケーディーと読み,経験(K),勘(K),および度胸(D)でものごとを決定するという方法で,頭文字をとってこう呼ばれる.

1.2 解決手段のいろいろ

前項で述べた方法・ツールのもっともよく知られているのが,実験計画法である.高度な実験計画法をマスターした人であれば,前述した課題は解決できる.実験計画法は非常に有効なツールであるが,実務に活用するためには次の問題がある.

① 数式が多く,数学の知識が十分にないと理解できない.
② 実際の適用において,計算がたいへんである.
③ これを回避するための,安価でよいソフトがない.

これらの問題解決のために,日本のTQC(日本的な全社的品質管理活動)を1980年代に研究したアメリカから提案されたシックスシグマや米自動車のビッグ3が部品納入規格として提唱しているQS-9000の中で開発ツールとして提唱しているDOE分析と,日本の田口玄一を中心とするグループが推進し

ている品質工学がある．ここでいうDOE分析とは，調査したい要因の条件を2種類取り上げて実験を計画し，重回帰分析を用いることで面倒な解析計算を回避するものである．これにより手計算は不要になり適用しやすくなったが，比較したい種類が3つ以上（3水準以上）になると，対応できない．もう1つの方法である品質工学では主に3水準直交表をベースに独自の解析を行っている．A，B社の部品に，C社の部品が加われば3水準の選択問題になる．品質工学では，ほとんどの条件を3種類ずつ集めて比較する．実際の実務ではどうしても2種類しかない場合もあるし，4種類や5種類の条件比較をしたい場合も発生してくる．これらに対応しようとすると，従来の実験計画法の高度な技法を用いなければならない（多水準法，擬水準法，組み合わせ法，交絡法やあそび列法など）．これらの理由から，実際の業務において実験計画法の適用を躊躇させる結果となっている．また，実験の最中に起こる失敗（データが取れない：欠測値という）などに関しては正しい解析方法を教えていない（一部の書籍には記述しているものがある）．

1.3 解決手段superDOE分析とは

シックスシグマ等で最近注目されているのがこのDOE分析である．これは，Design Of Experimentの頭文字をとったもので，実験計画法のことであるが，前節で書いたように，従来の実験計画法とは解析方法や適用範囲が大きく違っている．DOE分析では，実験計画法の中の一元配置・二元配置や直交表を用いた実験をすすめている．限定した実験条件範囲内で用いることで，解析を大幅に簡単にしている．日本で従来から用いられてきた実験計画法は数式が多く，むずかしいという欠点をDOE分析は2水準直交表と重回帰分析を利用することで，回避している．そこで，DOE分析の解析が簡単という特徴を受け継ぎ，さらに汎用性をもたせた新しいツールを開発した．従来の実験計画法とは違うということで，スーパーDOE分析（以降，superDOE分析と書く）と呼ぶことにする．

1.3 解決手段 superDOE 分析とは

　superDOE 分析ツールでは，通常の実験計画法とその解析方法を知らなくても用いることができる．本書はこのような人を対象に説明する．一方，従来型の実験計画法を知っているが，欠測値等で困っている人や，さらに高度な利用をしたいと考えている人に利用していただければ幸いである．

　課題・問題解決におけるツールとして superDOE 分析は以下の機能から成り立っている．

① 実験因子の割り付けは直交表を利用して行う．利点は，欲しい情報だけを取り出す実験を計画できることである．実際に用いる割り付けパターンは標準としてツールに添付しており，使用者は用いる割り付け表を選択するだけでよい．―割り付け表の選択

② どの因子が，どれぐらい特性値に影響を与えているかを，数値で定量的に算出する．また，この係数の値が誤差の大きさから考えて意味のある値であるか否かについて分散分析表を用いて検定する．―解析

③ 実験の結果，もっとも実験者にとって望ましい組み合わせ条件である最適水準組み合わせがどの条件であるかを DOE 分析の回帰係数で判断する．
　　―最適条件の決定

④ その最適水準組み合わせにおける平均の値が最小いくら，最大いくらになるかを求める．これを信頼限界といい，90％や 95％の信頼度を用いる．自動で計算されるのは 95％の信頼度である．この信頼度は解析者の要求によって変更できる．これを，最適水準組み合わせにおける母平均の区間推定という．―母平均の推定

　これら 4 つの機能を superDOE 分析ツールの中に組み込んである．したがって，従来の DOE 分析で必要となる 2 水準の直交表解析と重回帰分析を知らなくても利用できるのが特徴である．本書の第 1 章だけを読めば，効率の良い実験を計画し解析することが可能になる．この superDOE 分析ツールは，エクセルの上で動作する VB（ビジュアルベーシック）で作成した．本書に CD‐ROM を添付している（WINDOWS 98，Me，XP で動作確認済み．また，エクセル 97，2000，XP でも動作確認済み）．直交表の割り付け方法だけを学べば，一発

で解析できるようなソフトが添付のsuperDOE分析ツールである．

1.4 superDOE分析手順

(1) 実験を通じて評価する方法

前述の(ケース1)～(ケース5)の課題を達成しようとするときは，達成度や結果を表わすための指標や特性値(1つの場合や，2つ以上の複数ある場合もある)が必要である．この指標や特性値が本当に望ましい状態になったか否かを，試験や実験を行い事実でもって証明するのである．"特性値Yのあるべき状態をどのように実現するか"を探索し，決定後標準化するのが業務である．

これには，まず，特性値Yの値が変動している原因を探し出し，原因が判明すればその原因となっている要因を指定(コントロール)すればよい．もう少し，詳しく説明すると，次の3つに分類できる．

① 特性値Yに大きく影響する因子を把握して，望ましい値になるように水準を指定する．
② 特性値Yのバラツキを大きくしている場合は，そのバラツキの原因となっているものを除去する．
③ 原因を除去できない場合は，影響される量を定量評価し，最悪でも目標を達成するように他の条件を指定する．

実際の業務においては，これにコストや生産性などの他の制約条件が加わる．これらの条件を総合的に検討して，採用する対策方法を決定する．要因と特性値の関連を図示すると以下のように示すことができる．

われわれが，解析において最初にすべきことは，考えられる多くの要因の中から特性値に影響している"原因を絞り込む＝要因を探索する"ことである．このため，この段階の実験を要因探索実験という．

スクリーニング実験と呼んでいるものもある．このとき，特性値に与える影響の大きさを，取り上げなかった要因の総称である"誤差"分散の何倍あるかで示す．これをF値と呼び，値が大きい方が顕著に特性値に影響を与えることが

1.4 superDOE分析手順

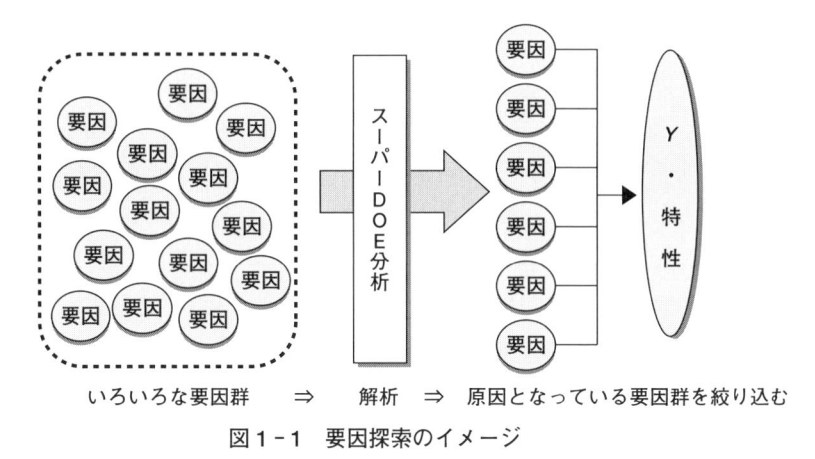

図1-1 要因探索のイメージ

いろいろな要因群 ⇒ 解析 ⇒ 原因となっている要因群を絞り込む

表1-2 特性値与える影響の大きさ（F値で判断…分散分析表）

	部品納入社	作業者	前処理法	組立方法	後処理法	仕上機械	誤差
分散	37.5	7.2	12.6	14.0	7.2	2.7	1.2
F値	31.25	6.0	10.5	11.7	6.0	2.25	——

わかる（図1-1）．その例を表1-2に示す．この例では，因子として，1）部品納入社，2）作業者，3）前処理法，4）組立方法，5）後処理法，6）仕上機械を取り上げた6因子の実験の結果である．

この結果から，特性値に大きな影響を与えている順番は，① 部品納入社，② 組立方法，③ 前処理法，④ 作業者，⑤ 後処理法（作業者と同じ大きさ），⑥ 仕上機械であることがわかる．

（参考） これらの結果から，それぞれの要因が特性値Yに影響していると言えるか否かを判断する．その基準は，そのF値の大きさで計算できる．このF値が統計分布であるF分布に従うことを利用する．このF分布を用いた判定をF検定という．基準となる値の求め方は，後述する．

特性値に大きな影響を与えている要因が判明すれば，次に，具体的に各要因のどの水準組み合わせが良いかを見る．各水準の効果は符号付数値で表される．

第1章　superDOE分析（スーパーDOE分析）とは

組立方法について見ると，Ⅰ法は5.0，Ⅱ法は（−4.0），Ⅲ法は（−1.0）である．特性値が大きい方が望ましいときはⅠ法がよく，小さい方が望ましいときはⅡ法がよいことがわかる．すべての要因について望ましい水準を求める．これを，最適水準組み合わせという．最適水準組み合わせは，特性値Yが大きい方が望ましいときは，濃く塗りつぶした条件が良く，小さい方が望ましいときは，薄く塗りつぶした条件を選択するとよい（表1-3）．

　最適水準組み合わせにおける特性値の大きさを求めてみる．これは表1-3に書かれた要因効果の値を足し算すればよい．例として，特性値が最大になる水準組み合わせと最小になる水準組み合わせにおける特性値を求めた（表1-4）．これを水準組み合わせ条件における母平均の点推定値という．

　今回得られた特性値の値が当初の目標値を達成していれば，目的を達成したことになる．未達であれば，さらに別の要因を加えるか，別の水準を追加して次の調査・実験を実施する．これが課題・問題解決業務における一連の手順である．

　このような定量的な結果を得るために，"やみくも"な試験や実験を行いデー

表1-3　解析結果（各要因の特性値に与える効果の大きさ）

	部品納入	作業者	前処理法	組立方法	後処理法	仕上機械	全平均
第1水準	S社 10.0	Aさん −3.5	複合 −2.0	Ⅰ法 5.0	通常法 3.0	1号機 −2.0	50.0 （全効果の平均を表す）
第2水準	T社 0.0	Bさん 0.5	2回分割 5.0	Ⅱ法 −4.0	簡易法 0.5	2号機 0.0	
第3水準	M社 −5.0	Cさん 3.0	3回分割 −3.0	Ⅲ法 −1.0	厳密法 −3.5	3号機 2.0	
第4水準	N社 −5.0						

（参考）　各要因の水準ごとの特性値に与える影響の大きさを定量的に説明するときに，いろいろな表現方法が考えられるが，ここでは，各要因の効果の合計値が0になるように求めた結果を示す．例えば，部品納入社はS社，T社，M社，N社を取り上げたが，それらの効果の合計は，10.0＋0.0＋（−5.0）＋（−5.0）＝0.0となる．他の因子についても同じく，合計は0になる．

1.4 superDOE分析手順

表1-4 特性値が最大になる組み合わせと最小になる組み合わせ条件

全平均	部品納入社	作業者	前処理回数	組立方法	後処理方法	包装機械	特性値
	S社	Cさん	2回	I法	通常法	3号機	78.0
50.0	10.0	3.0	5.0	5.0	3.0	2.0	
	N社	Aさん	3回	II法	厳密法	1号機	29.0
50.0	−5.0	−3.5	−3.0	−4.0	−3.5	−2.0	

タを採っても,得られるもの(得られた情報の精度や確からしさ)は少ない.投入する資源(人・もの・資金)を最小にして,得られるものを最大にするような方法を提供するのがsuperDOE分析である.

(2) superDOE分析ツールの特徴

superDOE分析ツールでは,通常の実験計画法をその解析方法を知らなくても,目的に達するように解説する.課題・問題解決業務における一連の手順に合わせてDOE分析の機能については1.3項で示した.因子の割り付け方法だけを学べば,一発で解析できるのが添付のソフトである.本書は,一般的なDOE分析ではなく,独自に開発した分析ソフトを用いた解析方法であり,DOE分析で一般的に用いられている重回帰分析は用いない.具体的な解析方法は2章以降で詳しく説明する.superDOE分析ツールの主な特徴を次に示す(図1-2).

① 本書に添付のソフトがあれば他のものはいらない.
② 因子の種類である水準数も2水準以外でも制限なく適用できる.
③ 直交表を用いない従来からの実験配置の解析も可能である.
④ 実務においてよく発生する"欠測値"も通常の方法で解析できる.

(3) superDOE分析の分析手順

分析手順-1:調査する特性値と要因の整理(水準も決める)
実験にあたっては,必ず次の項目を明確にしておくこと.

第 1 章　superDOE 分析（スーパー DOE 分析）とは

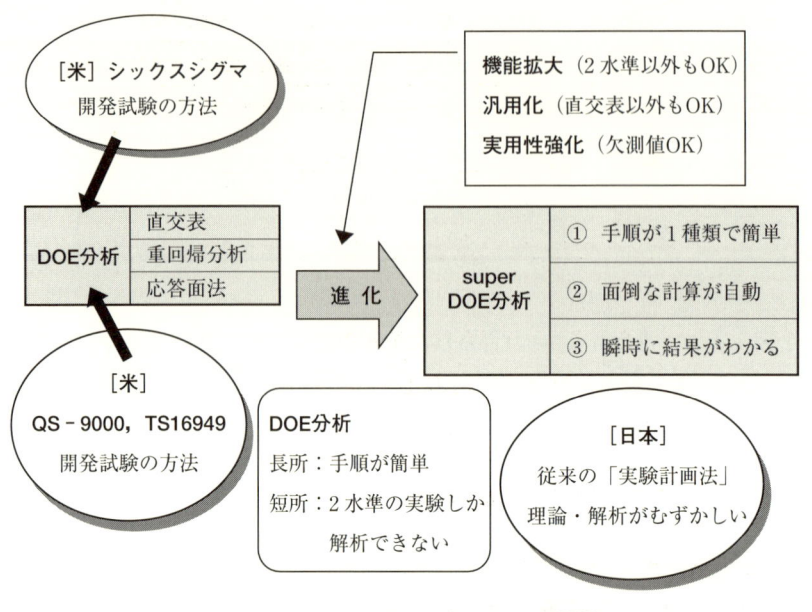

図 1 - 2　superDOE 分析ツールの特徴

① 評価する特性値とその目標値
② その特性値の測定方法
③ 実験に取り上げる要因（因子）の数とそれぞれの要因の種類（水準）
④ 実験が行われる状態と実際に使用される（もしくは，製造される）状態との違い．
⑤ 通常の実験か，加速実験か

分析手順 - 2：最適な実験の計画を行う

取り上げる要因（因子）の数とそれぞれの要因の種類（水準）により，使用する割り付け表を決める．因子の数が 10 で，それぞれ 3 種類（3 水準）ずつであれば，表 1-5 から，$L_{27}(3^{13})$ が適していることがわかる．この場合は，最大 13 因子取り上げることができる．余った 3 因子分はバラツキ（誤差）の評価に用いる．この実験では，サンプルは 27 個作られる（L_{27} の 27 がサンプル数である）．

分析手順 - 3：計画に従った実験の実施

1.4 superDOE分析手順

表1-5 水準の大きさと因子の数による割り付け表の選択

水準数 (選択肢数)	実験に取り上げる要因の数			
	少ない	・・・・・・・	・・・・・・・	多い
2水準	$L_4(2^3)$	$L_8(2^7)$	$L_{16}(2^{15})$	$L_{32}(2^{31})$
	3因子以下	7因子以下	15因子以下	31因子以下
3水準	$L_9(3^4)$	$L_{27}(3^{13})$	$L_{18}(2^1 \times 3^7)$	
	4因子以下	13因子以下	8因子以下	
4水準	$L_{16}(4^5)$	$L_{64}(4^{21})$	$L_{32}(2^1 \times 4^9)$	
	5因子以下	21因子以下	10因子以下	
5水準	$L_{25}(5^6)$	$L_{50}(2^1 \times 5^{11})$		
	6因子以下	12因子以下		
特殊	$L_{12}(2^{11})$		$L_{36}(2^{11} \times 3^{12})$	
	2水準因子11,交互作用不可		2,3水準因子23,交互作用不可	
	上記割り付け表以外を新規に作成するとき(テキスト第3章)			

(注) 表1-5の$L_{18}(2^1 \times 3^7)$, $L_{32}(2^1 \times 4^9)$, $L_{50}(2^1 \times 5^{11})$, $L_{12}(2^{11})$と$L_{36}(2^{11} \times 3^{12})$は特殊な割り付け表であるので,極力交互作用効果を割り付けない方がよい.この表は,superDOE分析メニューと同じで,ボタンをクリックすることで自動的に,割り付け表に移動する.

各実験において,作成するサンプル数は,分析手順-2で述べたように,$L_{xx}(Y^Z)$のxxで示される.xx個のサンプルは1から順にxxまで順に作成してはならない.このように実験を行うと,作業者がだんだん慣れてきた場合,後の方がだんだん有利な結果になることがある.また,室温や天候の影響などが特性値に偏って混入することになる.そこで,このような傾向的な影響(これを系統誤差という)がある場合,偏った混入がないように順番をばらばらにするのが有効である.これをランダマイズという.実際にランダマイズするときは乱数表という表を用いる.これは,品質管理の本などに付いているので参考にするとよい.最近は,パソコンが普及しているので,パソコンをもっている人は,エクセルなどの表計算ソフトには乱数を発生する命令があるのでこれを利用するのもよい(rnd関数,RANDワークシート関数など).Y^ZのZは,取り上げることができる因子数を表す.

第 1 章　superDOE 分析(スーパー DOE 分析)とは

分析手順-4：データを収集し，元データ表にデータを入力

水準は必ず1から連番で入れること．1，3，4のように2を飛ばすとその因子の水準数がわからなくなるので，異常終了する．割り付けに用いた直交表どおりの場合は，割り付け表をコピーすればよい．特性値は測定したものを入力する．

分析手順-5：解析変数(因子)の指定

解析に用いる変数を指定する(変数番号を入力する)．最後に特性値を指定する．因子を割り付けなかった列，すなわち，誤差列は指定しない．繰り返し列も指定しない．

分析手順-6：superDOE 分析を実施

選択した因子と特性値が，解析用シートに展開される．1つの因子がその水準数の列に増加する．したがって，指定した変数の数より，解析対象の変数が増加する．これが，superDOE 分析の特徴である．このシートで分析を開始する．計画がまずい(直交性を確保していない，もしくは，データ数が求める変数の数より少ない)場合は解析の途中で止まる．この場合は，問題となっている列(因子)を解析対象の変数指定から外すしかない．この因子から情報を得ることはあきらめざるを得ない．実験の計画は慎重に行うことが重要である．

分析手順-7：検定と誤差へのプーリング

[得られた結果の判定：実験全体の評価]

得られた結果より，自分の立てた仮説が成立するか否かを検定する．言い換えると，今回取り上げた因子で特性値を説明できるか否かをチェックする．これは，次の方法で行う．分散分析表の回帰による分散 V_R を誤差分散 V_e で割る．$F_0 = V_R / V_e$ が検定の基準値 F (回帰の自由度,誤差の自由度；危険率 α) より，大きければ今回の superDOE 分析における結果は意味がある(有意である)と結論づける．危険率 α はそれぞれの業務で適切に設定すること．一般的に用いられているのは，$\alpha = 0.05$ (5 %)であるが，新製品の開発などでは，$\alpha = 0.20 \sim 0.25$ (20 〜 25 %)を用いることが多い．

[各因子の特性値に対する影響度の判定：各因子の評価]

求められた係数が0でないと言えるか．すなわち，特性値Yに影響を与えているとみて良いか否かを検定する．各変数のt値が規準t値に較べて大きいか否かで判定する．係数が負のときt値も負になるので，絶対値の大きさで判定する．

もう1つの方法は，解析結果シートの各変数の第1水準の行にその変数の平方和と分散とF値(誤差の何倍の大きさの分散をもっているか？)を求めてある．このF値をF検定することにより検定する．検定は，F(その因子の自由度，誤差の自由度；危険率α)と比較する．比較の仕方は[回帰式の検定]と同じである．必要に応じ，解析結果を他のシートに複写もしくは保存のこと．

分析手順-8：特性値に影響する(有意な)変数(因子)の指定

分析手順-7で各因子の特性値に対する影響度の判定で，関係がないと判断したものは，誤差と考える．実験計画法や多変量解析法では，この因子の影響量を誤差に加えて，新しい誤差を再計算する(これを誤差へのプーリングもしくは，分散の合成という)．この作業は解析の初心者にとって，わかりにくい作業である．superDOE分析では，この誤差との合成作業を自動的には行わない．分析手順-9で対応する．

分析手順-9：再度，superDOE分析を実施(分析手順-6，分析手順-7と同じ)

分析手順-8で，特性値に影響を与えていると判定した変数(因子)のみを再指定し，superDOE分析を因子の指定から，再実施する．この分析で得られた結果および誤差が，今回の解析結果として用いる値である．

分析手順-10：最適水準組み合わせの選定

解析結果から因子ごとに望ましい水準を決定する．これらを組み合わせたものが最適水準組み合わせと呼ばれる．この組み合わせ条件での特性値の値が目的とする特性値の値と比較・評価される．

分析手順-11：最適水準組み合わせにおける母平均の推定

得られた結果もただ1点で予測することはできない．誤差をもっており，特性値はばらつく．このばらつきの大きさを考慮して，100回中◎回起こる(信頼度◎%という)範囲を求めておく．このような方法を区間推定という．この

第1章　superDOE分析（スーパーDOE分析）とは

組み合わせ条件で生産した場合，製品の特性値の平均値が◎%この範囲に入ることを意味している．各データの水準組み合わせによる点推定と区間推定の値を，残差分析シートに示す．この母平均の区間推定に必要な有効反復数は解析結果のシートに計算結果を示す．

以上の手順を図1-3にフローチャートで示す．

(4) 最適な割り付け図を求める方法

ソフトのメニュー画面で実施したい実験のタイプを選ぶ．このとき，図1-4に示すフロー図に従って選ぶと，最適な割り付け方法を探すことができる．特性値に影響を与えている因子が現時点でわからないときや，意図的に多くの因子の組み合わせ条件を知りたいときは，フローの左側になる．一方，因子の種類についてはすでにわかっており，因子の最適水準を決めたいときは，フローの右側になることが多い．しかし，左側の割り付けを用いることもある．

フローで見にくい人は，次の表1-6を用いて，最適な割り付け表を決定する．

1.4　superDOE分析手順

```
　　　　　　　　　　　Super DOE分析全体手順
                              ↓
　手順1：調査する特性値と要因の整理（水準を決める．）
                              ↓
　手順2：最適な実験の計画を行う
                              ↓
　手順3：計画に従った実験の実施
                              ↓
　手順4：データを収集し，元データ表にデータを入力
                              ↓
　手順5：解析変数（因子）
                              ↓
　手順6：superDOE分析を実施
                              ↓
　手順7：検定と誤差へのプーリング
         ├──［得られた結果の判定：実験全体の評価］
         │
         └──［各因子の特性値に対する影響度の判定：各因子の評価］
                              ↓
　手順8：特性値に影響する（有意な）変数（因子）の指定
                              ↓
　手順9：再度，superDOE分析を実施（分析手順-6，分析手順-7と同じ）
                              ↓
　手順10：最適水準組み合わせの選定
                              ↓
　手順11：最適水準組み合わせにおける母平均の推定
```

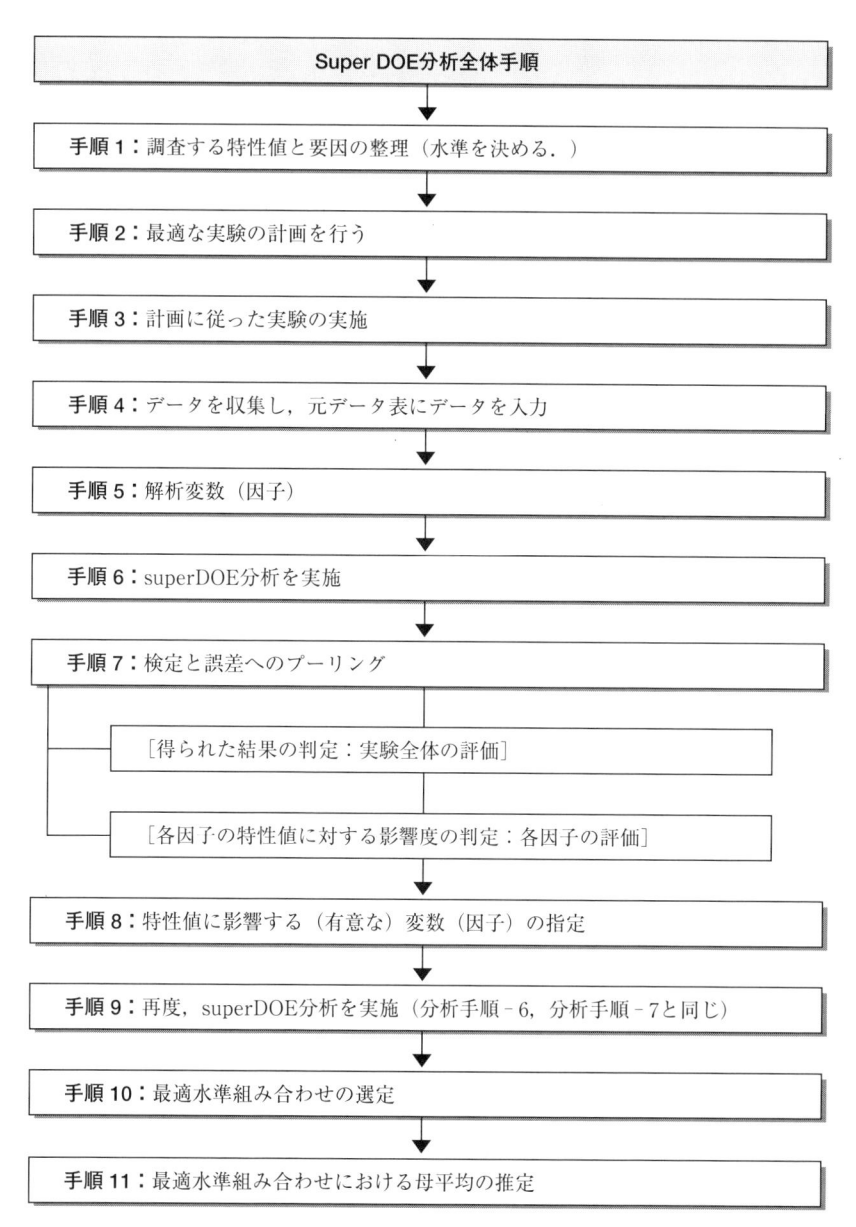

図1-3　superDOE分析の全体手順のフローチャート

第1章　superDOE分析（スーパーDOE分析）とは

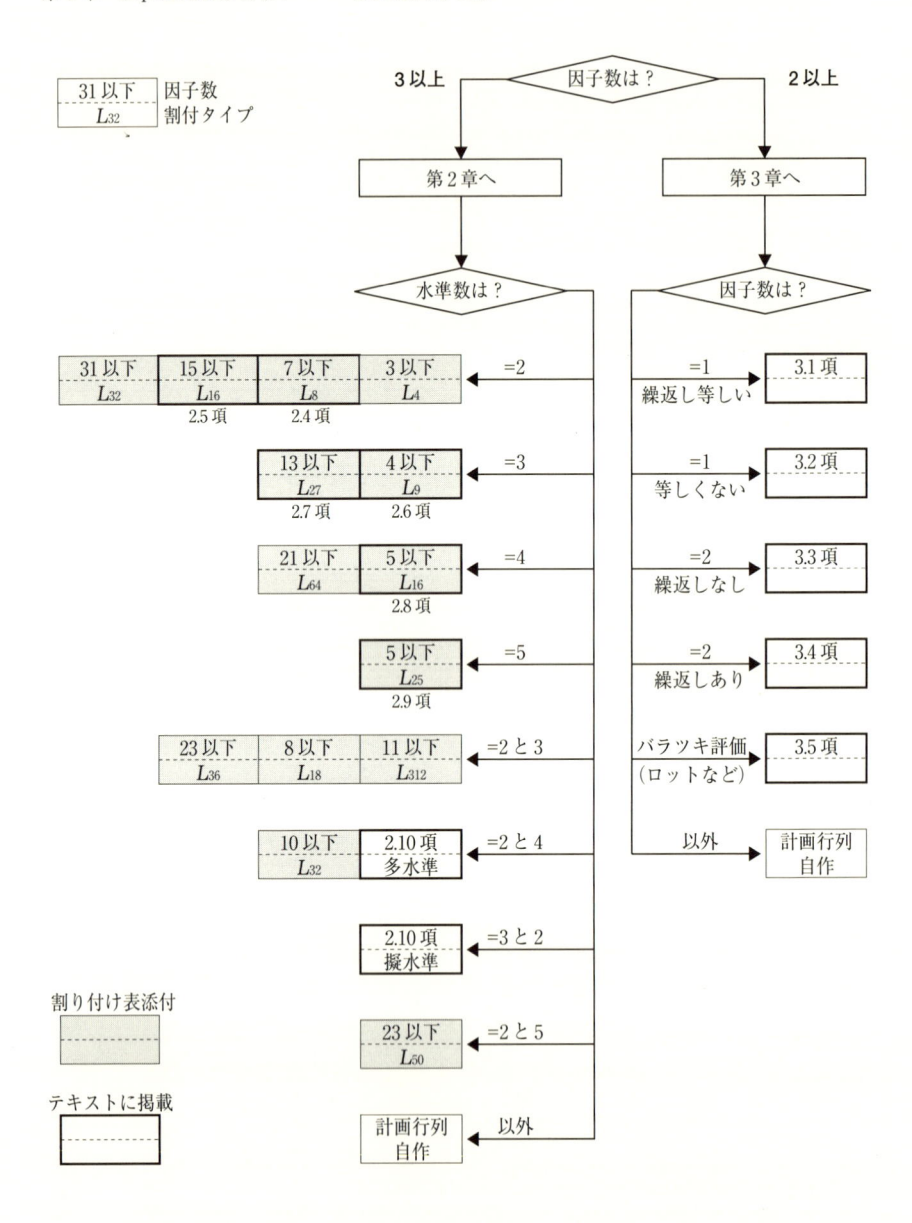

凡例：
- 31以下 / L_{32} — 因子数 / 割付タイプ
- 割り付け表添付
- テキストに掲載

因子数は？
- 3以上 → 第2章へ
- 2以上 → 第3章へ

【第2章へ】水準数は？

=2：
- 31以下 L_{32}
- 15以下 L_{16}（2.5項）
- 7以下 L_8（2.4項）
- 3以下 L_4

=3：
- 13以下 L_{27}（2.7項）
- 4以下 L_9（2.6項）

=4：
- 21以下 L_{64}（2.8項）
- 5以下 L_{16}

=5：
- 5以下 L_{25}（2.9項）

=2と3：
- 23以下 L_{36}
- 8以下 L_{18}
- 11以下 L_{312}

=2と4：
- 10以下 L_{32}
- 2.10項 多水準

=3と2：
- 2.10項 擬水準

=2と5：
- 23以下 L_{50}

以外：計画行列自作

【第3章へ】因子数は？
- =1 繰返し等しい → 3.1項
- =1 等しくない → 3.2項
- =2 繰返しなし → 3.3項
- =2 繰返しあり → 3.4項
- バラツキ評価（ロットなど） → 3.5項
- 以外 → 計画行列自作

図1-4　因子の数（主効果＋交互作用）と水準数から必要な割り付け表を求めるフロー

表1-6 因子の数(主効果＋交互作用)と水準数から必要な割り付け表を求める表

因子数	2水準			3水準			4水準		5水準	6水準以上
1										
2	L_4				L_{18}	L_9				
3					+2水		L_{16}	L_{32}	L_{25}	
4			L_{36}					+2水		
5	L_8									
6		L_{12}	2水準	3水準						
7			11	12					L_{50}	
8									+2水	
9			径23因子			L_{27}				
10										
11	L_{16}									
12							L_{64}			
13										
14〜20										
21										
22	L_{32}									
25〜30			一般的に，実験が大きくなりすぎて，場（フィールド）の管理が							
31			むずかしくなることが多いため，実験を分割実施した方が望ましい領域							
32										

1.5 superDOE分析ソフトの使い方

（1） 基本操作

操作手順-1：superDOE.xls を起動する．

マウスで左ボタンをダブルクリックするか，ファイルの上にマウスポインターをもっていき，右クリックし，"開く"を左ボタンで1回クリックする．

操作手順-2：superDOE.xls を起動すると，実験種類の選択画面に自動的になる（図1-5）．

操作手順-3："実験の種類の選択"画面で，対応可能な割り付け表を選択する（色の付いたところをマウスでクリックすると，対応した割り付け表に自動で変わる）．

選択した割り付けシートが適切でない場合は，『割り付け選択画面に戻る』を押す．必要な割り付け表がない場合は，"実験の種類の選択"シートを選択し，

第1章　superDOE分析(スーパーDOE分析)とは

必要とするタイプの実験をボタンで押してください。		実験種類の選択		花田技術士事務所
因子の水準数（選択肢の数）	実験に取り上げる要因の数			
	少ない　・・・・・・・・・・・・		・・・・・・・・・・・・	多い
2水準	L4（2^3）	L8（2^7）	L16（2^15）	L32（2^31）
	3因子以下	7因子以下	15因子以下	31因子以下
3水準	L9（3^4）	L27（3^13）	L18（$2^1 \times 3^7$）	
	4因子以下	13因子以下	8因子以下	
4水準	L16（4^5）	L64（4^21）	L32（2^1+4^9）	
	5因子以下	21因子以下	10因子以下	
5水準	L25（5^5）	L50（2^1+5^11）		
	6因子以下	12因子以下		
特殊	L12（2^11）		L36（2^11+3^12）	
	2水準因子11，交互作用不可		2,3水準因子23，交互作用不可	

（注）実験種類の選択画面に自動的にならないときは，プログラムを走らないように設定されている．このときは，ツール(T)⇒マクロ(M)⇒セキュリティー(S)⇒セキュリティーレベル(S)⇒低(L)を選択し，上書き保存し，もう一度superDOE.xlsを起動し直すとプログラム機能が動作し，実験の種類の画面に自動的に変わる．

図1-5　実験種類の選択画面

自分で割り付け表を作成する．

　操作手順-4：選択された割り付け表に，因子を割り付ける．

　割り付けにおいては，本書の例題か他書を参考にするとよい．誤差の評価のための列も通常は確保しておくこと(2～3列程度が最低限の列数である)．

　操作手順-5：《実験を実施する》

　割り付け表の左端の番号をキー(これを処理番号という)にして，この順番をランダムに実施します．この処理番号の順番に実施しないこと．

　操作手順-6：実験結果の特性値を割り付け表に入力する．

実験の水準指定を選択した割り付け表のとおりできなかった場合は，このシー

1.5 superDOE分析ソフトの使い方

トで水準番号を修正する．

(この場合，必ず"名前を付けて保存する"こと．言い換えれば，オリジナルのsuperDOE.xlsは書き換えないこと．次回に通常の解析をするときに元に修正するのを忘れる可能性が高いため．)

操作手順-7：データの入力と因子名称を入力し，『この割り付け表を採用する』を押す．

(解析の"元データ表"に割り付けパターンおよび割り付けた因子名称と特性値がコピーされる．画面も"元データ表"に自動で変わる．)

操作手順-8：『解析変数の指定』を押す．

操作手順-9：次のダイアログボックスが表示されるので，1番目の変数番号(取り上げる因子に対応する上の変数番号のこと)の数字だけを入力する(図1-6)．

例えば，変数-3であれば，3と入力してOKをマウスでクリックするか，ENTERを押す(因子の指定)．

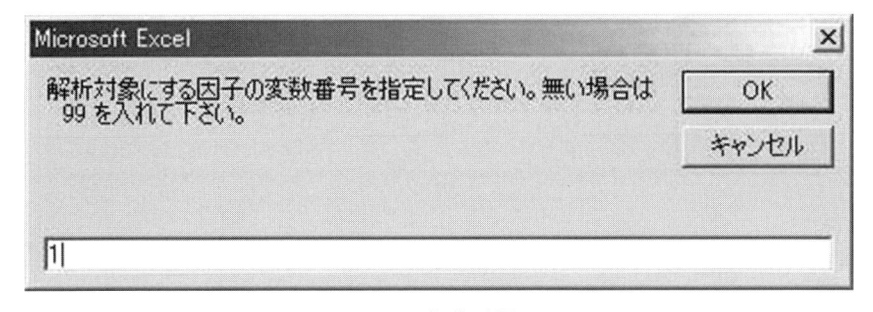

図1-6 操作手順-9

操作手順-10：その変数に対する水準数を入力してOKを押すか，ENTERを押す(図1-7)．

このとき水準番号は，1，2，3のように連続して入れてあることが必要である．3水準でも，1，3，4と水準番号が入力されているとエラーになる．通常，

第1章 superDOE分析(スーパーDOE分析)とは

図1-7 操作手順-10

割り付け表をそのまま使って計画する場合は起こらないが,擬水準や多水準を作るときに注意が必要である.

操作手順-11:解析に必要な因子の数だけ,操作手順-9と操作手順-10を繰り返す.

操作手順-12:指定する因子がなくなれば,変数指定のダイアログボックスに"99"を入力してOKを押すか,ENTERを押す(因子の指定の終了,図1-8).

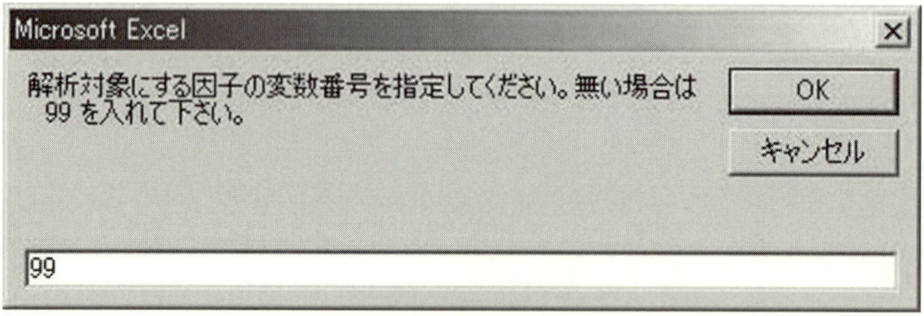

図1-8 操作手順-12

操作手順-13:最後に解析する特性値が入力されている変数番号を入力してOKを押すか,ENTERを押す(入力終了,解析スタート,図1-9).

操作手順-14:superDOE分析が開始される.

1.5 superDOE分析ソフトの使い方

図1-9 操作手順-13

変数の指定がおかしいときはエラー表示される．問題がないときは，検定に用いる危険率をいくらにするか聞いてくる．このダイアログボックスが表示されるので，0から1の数値を入れる．開発実験では，0.20～0.25がよく用いられる．生産現場の改善などのときは，0.05が用いられる．危険率は，それぞれの場合で異なるので，適切な値を設定する．入力後，OKを押すか，ENTERを押す(図1-10)．

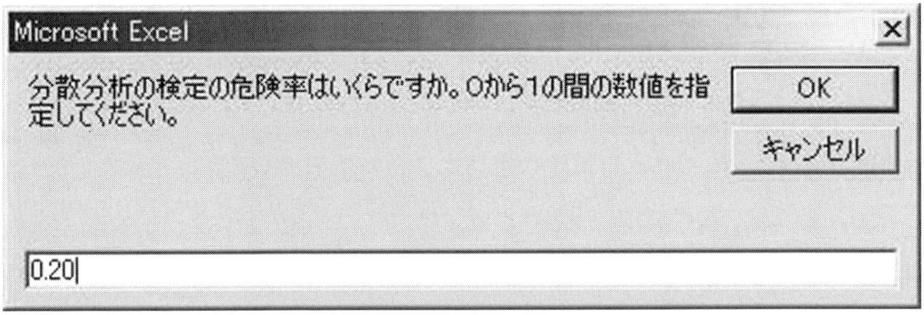

図1-10 操作手順-14

操作手順-15：結果を確認する．
① 全体の評価-1(回帰統計)
　今回の解析に用いた因子で特性値の動きをどれぐらい表現できているかを

第1章 superDOE分析(スーパーDOE分析)とは

表1-7 回帰統計

重相関係数 R	0.712
寄与率 R^2	0.508
誤差の標準偏差	15.046
観測数	16
有効反復数	4.000

示す指標である寄与率R^2で見る(表1-7)．この例では寄与率R^2が50.8％で約半分を説明できることを示す．この数値は当然100％が一番良く，0％は特性値の動きをまったく説明できないことを示す．すなわち，関係がないということが言える．その下の誤差の標準偏差＝15.046は解析に用いた因子の効果を取り除いたときに，特性値が1σ(シグマ，標準偏差)＝15.046のばらつきをもっていることを示している．

次の，観測数は解析に用いたデータ数である．最後の有効反復数は今回の因子の水準をどれかに固定して特性値の母平均を推定するときに，いくつのデータを利用できるかを示したものである．この数値が大きい方が母平均の推定の精度が良いことを示す．

② 全体の評価-2(分散分析表)

　誤差の大きさからみて，今回の因子による特性値の動きが意味があると評価できるか否かを次の分散分析表でみる("解析結果"シートの右上に表示されている表1-8)．これは因子の影響による特性値の変動量が出来ない分(誤差)に較べて，違うと考えられるかをチェック(検定)するものである．このとき因子効果と誤差の分散の比はF分布に従うことを利用する．この表の例

表1-8 分散分析表

	平方和	自由度	分散	分散比	検定有意 F
因子効果	2800.688	3	933.563	4.124	1.804
誤　差	2716.750	12	226.396		$\alpha=0.20$
合　計	5517.438	15			

では危険率20％のF値が1.804であるが，分散の比は4.124である．言い換えると危険率20％以下であることを示している．

分散比が大きくなればなるほど，今回の解析結果が通常起こる可能性の低い特異な事象であることを示す．誤差の動きとは違う動きをしていると判断できるのである．

③ 特性値に対する因子-水準の効果

実験全体としての評価を行い，因子との関連が認められれば，次にどの水準が望ましいのかを知りたくなる．そのとき，"解析結果"シートの下の表1-9をみる．この表は因子が1つで，4水準の例である．一番左の列に因子の名称，その右に水準番号（定数項は水準がないのでβ_0と記述），その右が特性値に対する影響量で第1水準を基準に他の水準がプラスマイナスいくらかを示している．1つ離れた列に〔対比〕として，同じものを書いている．ただし，この対比は因子ごとの全水準の対比の合計が0になるように変換している．通常の実験計画法はこの対比を用いる．例えば，水準2は全平均を22.313押し上げる効果があり，水準4は全平均を 12.188 押し下げる効果があることがわかる．それらの列の間にあるt値は水準ごとの効果（第i水準基準係数）が0と考えられるのか，0ではないと考えるのかを判定するものである．統計学的にはt検定のt値と言われ，この値の絶対値が基準値より大きいとき，求められた対比の値が0ではないと考える．この基準値は誤差の自由度と危険率αで決まる係数である．この節の例で言えば，誤差の自由

表1-9　求められた水準ごとの値とt値および平方和・分散と検定

因子名	水準	第1水準基準係数	t値	対比
定数項	β_0	18.500	2.46	24.688
E	1	0.000	0.00	－6.188
E	2	28.500	2.68	22.313
E	3	2.250	0.21	－3.938
E	4	－6.000	－0.56	－12.188

度は 12 で，危険率を 0.10％とすると，統計数値表より，t（自由度 = 12：α = 0.20）= 1.356，t（自由度 = 12，α = 0.05）= 2.179 であるので，因子 E の第 2 水準は危険率 5％のもとで 0 ではないと言える．α = 0.05 というのは，100 回このような分析を行い，検定基準である t（自由度 = 12，α = 0.05）= 2.179 で，観測された t が 2.179 以上の値になったとき，対比が 0 ではないと判断したとする．このとき，最大 5 回は本当のところ 0 であるものが含まれている可能性があることを示している．

④ 特性値に対する因子効果の判定

以上の例は因子が 1 つの例であるが，因子が複数あると，この因子効果が各因子の効果に分解されて出てくる．因子 A の分，因子 B の分，・・・といったように表現される．この場合分解した因子の平方和と自由度は合計すると，元の因子効果の平方和と自由度と一致する（表 1 - 10）．

表 1 - 10　分散分析表

項目名称	平方和	自由度	分散	分散比	検定有意 F		
因子効果	3	2800.688	933.563	4.124	1.804	α = 0.20	有意である
E	3	2800.688	933.563	4.124	1.804	α = 0.20	有意である
誤差	12	2716.750	226.396				
全体	15	5517.438					

操作手順 - 16：平均値の推定（点推定と区間推定）

"残差分析"シートをクリックすると，表 1 - 11 が画面に表示される．この表の左端の番号は，"元データ表"のデータ番号に対応している．左側から順番に，実験での特性値の実測値，そのデータ番号に対応した因子水準組み合わせにおける解析結果の係数を用いた推定値，それらの差（残差 = 実測値 − 推定値），規準化残差（残差を誤差の標準偏差で割ったもの），誤差の標準偏差を用いて信頼度 95％の値の一番小さな値 = 区間下限，一番大きな値 = 区間上限，およびそ

1.5 superDOE分析ソフトの使い方

表1-11 母平均の点・区間推定（DOE分析）

信頼度の変更

No.	実測値	推定値	残差	規準化残差	区間下限	区間上限	区間幅
1	5.00	18.50	−13.50	−0.90	2.11	34.89	16.39
2	39.00	18.50	20.50	1.36	2.11	34.89	16.39
3	22.00	18.50	3.50	0.23	2.11	34.89	16.39
4	8.00	18.50	−10.50	−0.70	2.11	34.89	16.39
5	33.00	47.00	−14.00	−0.93	30.61	63.39	16.39
6	77.00	47.00	30.00	1.99	30.61	63.39	16.39
7	50.00	47.00	3.00	0.20	30.61	63.39	16.39

（注） 信頼度$(1-\beta) = 0.95$

の幅になっている．その処理番号における母平均の推定値を信頼度$(1-\beta)$で計算したものを示している．

　　　区間下限＝推定値－区間幅

　　　区間上限＝推定値＋区間幅

で計算され，信頼区間の幅の上側と下側の境界値を示している．

　後述するが，この信頼度$(1-\beta)$は自動では，0.95 であるが，読者の業務要求に合わせた信頼度で算出し直すことができる．詳しくは，次の手順を参照のこと．

　区間推定にあたって，区間幅は次の式で求めている．

$$t(誤差の自由度，危険率)\sqrt{\frac{誤差の分散(V_e)}{有効反復数(n_e)}} = t(\phi_e, \beta)\sqrt{\frac{V_e}{n_e}}$$

有効反復数とは，この母平均を求めるのに用いたサンプルの個数のことである．本書では，この値は自動で求めている．

操作手順-17：結果を残したい場合は，「名前を付けて保存」を選択する．

また，続けて別の解析をするときも，「名前を付けて保存」を選択する．

(2) 分散分析表の順番変更

分散分析表に表示される順番は，元データ表で解析対象の因子を指定した順である．したがって，表示したい順に因子を指定するとよい．しかし，解析の後で順番を変更した場合は，以下の手順で変更できる．

手順-1："分散分析表"シートを選ぶと，因子ごとに分解した分散分析表が表れる．

手順-2：この画面の「表示順序」欄に，表示したい順に上から1, 2, ･･, n と番号を入力する．

このとき，数字を飛ばさないで連続して入れる．例；1, 2, 4, 5は3がないので不可．2, 3, 4, も1がないので不可．又，すべての因子について順番を入れること．

手順-3：『表示順序の変更』ボタンを押す．

手順-4：入力した順番に表示順序が並べ替わる（表1-12）．

(3) 分散分析表のプーリング（誤差への統合）

同じ"分散分析表整理（DOE分析）"のシートの右上に　プーリング　ボタン

表1-12　分散分析表整理（DOE分析）

表示順序の変更

項目名称	自由度	平方和	分散	観測された分散比	検定有意 F	判定結果	表示順序	プーリング
因子効果	12	5194.250	432.854	4.018	2.981			
E	3	2800.688	933.563	8.666	2.936	有意である	4	
A	3	638.688	212.896	1.976	2.936	有意でない	1	
B	3	491.188	163.729	1.520	2.936	有意でない	2	
C	3	1263.688	421.229	3.910	2.936	有意である	3	
誤差	3	323.188	107.729					
全体	15	5517.438						

1.5 superDOE分析ソフトの使い方

がある．プーリングとは，因子の効果は数値では出ているが誤差と同様の効果しかないと判断し，誤差と一緒にしてしまうこと．通常は，効果がないという因子を除き，再superDOE分析を実施する．しかし，分析に慣れてきて，プーリングを手動にて行いたい場合の方法として本処理を追加した．

手順-1：誤差にプーリングしたい「因子の行のプーリングPを入力」欄に"P"（半角で，大文字）を入力する．

手順-2：『プーリング』ボタンを押す．（検定の危険率αの指定は手順-5を参照）

手順-3："P"（半角で，大文字）を入力した因子の平方和と自由度が合算され，集計された誤差と新たな誤差分散が計算される．

手順-4：この誤差分散の大きさが変わることで，他の因子のF値（観測された分散比）が変わるので，再計算される．

手順-5：再計算された因子の自由度と誤差の自由度より，検定するためのF値も変化するので再計算し，有意であるか否かが再度，自動で判定される．その結果も画面に表示される．この検定の時の危険率αは表の右上の"J4"セルに入力された値を用いるので，この値を任意の値に変えてから『プーリング』ボタンを押す．

(4) 平均値の推定における信頼度の変更

標準（自動計算）では，信頼度 $(1-\beta) = 0.95$ で母平均を推定する．この信頼度は背景にある業務の条件に合わせて変化する．このため，変更できるようにしてある．"残差分析"シートの『信頼度の変更』を押す．

このダイアログボックス（図1-11）が表示されるので，求めたい信頼度を入力し，OKを押すか，ENTERを押す．値は0から1の間の値を入力する．-（マイナス）や1より大きい数字は入力できない．"残差分析"シートの区間下限，区間上限，区間幅が計算されて表示される．信頼度が95％で良いときは，計算し直す必要はない．

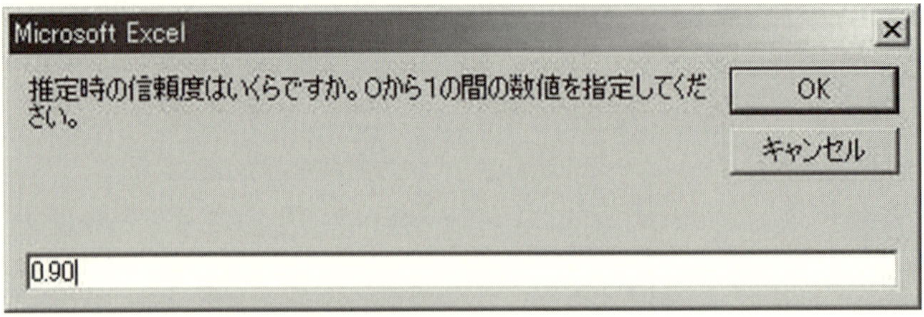

第1章　superDOE分析（スーパーDOE分析）とは

図1-11　信頼度の指定ダイアログボックス

(5)　この割り付け表を採用する

"××直交表"シートにて因子の割り付けを行い，特性値の測定および入力が終わり，このボタンを押すと，"元データ"シートに因子の割り付けと入力された特性値がコピーされる．

(6)　割り付け表選択画面に戻る

"×××直交表"シートから，立ち上げ時の割り付け表選択画面に戻り，別の割り付け表を選び直すときは，『割り付け表選択画面に戻る』ボタンを押す．

1.6　実験の準備・検討（全体手順と考慮すべき事項）…因子の割り付け表

1.6節～1.8節は直交表の割り付けについて知識のある人は読み飛ばしてよい．

　考慮すべき因子数が多いとき，実験計画法を知らない人は，1因子ずつ，水準を変更し一番良かった水準に固定して，次の因子について同様にもっとも良い水準を探すという方法が一般的である．これは逐次実験と言われている．2つ以上の因子の組み合わせ効果（交互作用）がないことが判明している場合は，問題が起こらない方法である．しかし，因子数が増えてくると実験全体の処理

1.6 実験の準備・検討(全体手順と考慮すべき事項)・・・因子の割り付け表

数がどんどん増えていくことと,実験の再現性が保証されないという欠点が生じる.

1つずつ因子の水準を変更するのではなく,全体を同時に変更することで再現性が見込まれる.生産の現場に近い状態を作りやすくなり,実験のときと実生産時のずれが小さくなる.これが多因子実験を行う最大の利点である.しかし,単純に組み合わせていくと,最低の水準数である2水準であっても,因子の数が10個あれば,実験の大きさは,$2^{10} = 1024$通りになる.これでは,実用上実施不可能な実験になる.一方,われわれが実験を通じて知りたいのは,各因子が特性値にどう影響しているか(これを主効果と言い,1次の項で表現できる)と2つの因子の組み合わせ条件による影響がわかれば十分なことが多い.この観点から言うと,1024回の処理の中には不要な情報を得るためのものが多いことがわかる.

(参考) 因子そのものの効果は $_{10}C_1 = 10$ 個,2因子の組み合わせ効果は $_{10}C_2 = 45$ 個で,合計55個の情報を得るために1024回の処理を行うことになっている.

そこで,主効果と必要な交互作用だけを取り出せれば,ムダのない,言い換えれば,欲しい情報だけを取り出すといった効率のよい実験を行うことができる.しかし,この実験配置(組み合わせ条件)をその度に考えるのはたいへんむずかしい.実際上は不可能に近い.これに対処するために,直交表というものが考え出された.この直交表はどの列も独立になるように作られている.言い換えると,他の因子の影響を受けないような組み合わせをあらかじめ作っておき,この組み合わせに必要な因子を自由に割り付けていく方法を提供したのである.特に,直交表をこのように利用する方法は日本で発達した.

もっとも基本的な L_4 直交表を示す(表1-13).この直交表は,最大3因子の主効果,もしくは,2因子の主効果と1つの2因子交互作用効果を検出できる実験配置である.行方向が一組の処理を表す.4処理,すなわち試作品が4個できる.列方向は割り当てる因子を決める.3列あるので3種類の因子を割り付けることができる.いま,(1)列に温度,(3)列に圧力を割り当てたとき,もし,2因子交互作用効果がある場合は,その効果は(2)列に出る.また,交互作用効

第1章　superDOE分析（スーパーDOE分析）とは

果が考えられないときは(2)列にまったく別の因子（例えば，処理時間等）を割り付けることができる．これらの主効果や交互作用効果の割り付けに線点図を用いる．これが，図1-12である．

図に描かれている数字は直交表の列番号を示す．基本的には，点に主効果を必要とする因子を，線には交互作用効果を必要とする因子を割り付ける．このように点と線からなるので，線点図という．線点図を使って割り付ける場合には，

① まず，必要な交互作用効果を線に割り付ける．
② 次に，その線の両端の点に関連する主効果を割り付ける．
③ 交互作用効果のない因子については，空いた点か線に自由に割り付ける．

7因子の割り付け表（L_8直交表）には下の2種類の線点図（図1-13）がある．

表1-13　3因子の割り付け表【$L_4(2^3)$直交表】

	(1)	(2)	(3)	特性値
1	1	1	1	Y_1
2	1	2	2	Y_2
3	2	1	2	Y_3
4	2	2	1	Y_4

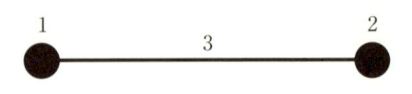

図1-12　【$L_4(2^3)$直交表　線点図】

L_8直交表線点図(1)

L_8直交表線点図(2)

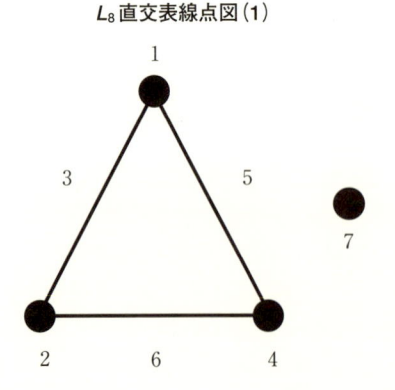

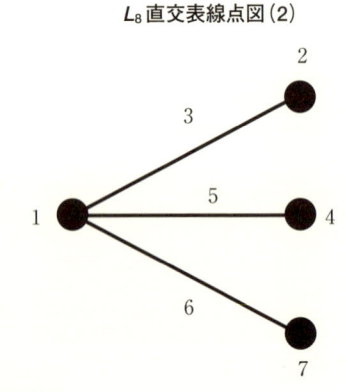

図1-13　2種類の線点図

いま，主効果 A, B, C, D の4つで，交互作用効果 $A \times B$, $B \times C$, $C \times A$ が必要な場合は，(1)の線点図を用い，(1)列に B，(2)列に A，(4)列に C，(7)列に D を割り付けると，$A \times B$ は(3)列に，$B \times C$ は(5)列に，$C \times A$ は(6)列から求められる．次に，主効果は A, B, C, D の4つで，同じであるが，交互作用効果 $B \times C$, $C \times D$, $C \times A$ が必要な場合は，すべての交互作用効果に現れる因子 C を(1)列に割り当て，(2)列に B，(4)列に D，(7)列に A を割り当てる．すると，交互作用効果 $C \times B$ は(3)列に，交互作用効果 $C \times D$ は(5)列に，交互作用効果 $C \times A$ は(6)列に現れる．交互作用効果を割り付けない場合は，好きな線や点に割り付けてよい．

1.7 割り付け表としての直交表の種類

水準が2水準の割り付け表を2水準系直交表と言い，L_4, L_8, L_{16}, L_{32} が代表的である．3水準系直交表には L_9, L_{27} がある．4水準系直交表には L_{16}, L_{32}, L_{64} がある．5水準系直交表には L_{25}, L_{50} がある．少し特殊なものとして2水準と3水準が組み合わせた L_{18} がある．ここでわかるように，L_{16} や L_{32} は同じものが出てくるので，水準数を表すために，$L_{16}(2^{15})$ や $L_{16}(4^5)$ といったように，カッコでくくり，中に水準数といくつの情報が取れるかを示す．$L_{16}(2^{15})$ は2水準因子を15個扱えることを示す．同様に，$L_{16}(4^5)$ は4水準因子を5個扱えることを示す．また，直交表には，田口の直交表と森口の直交表があるので，直交表の使用時には注意のこと．1と2のパターンが違うので，処理の因子水準組み合わせがまったく異なってくる．表1-14の直交表は，$L_8(2^7)$ 直交表といい，8個の試料を作ることで，最大7つの因子を割り当てることができる．実務で，もっともよく用いられる代表的な直交表である．縦(行)方向が試料の番号で，横(列)方向が実験に割り付ける因子の枠である．この列を下に見ていくと1や2が書かれているが，これがその列に割り付けた因子の水準を表している．この直交表を用いると主効果だけであれば最大7因子割り付けることができる．以下の割り付けは特殊な例で，通常は誤差の評価のために2列程度を残す．いままで，このような実験を数多く実施しており，誤差の大きさが

第1章 superDOE分析（スーパーDOE分析）とは

わかっている場合は故意にすべての列に因子を割り付けることがある．この場合は，今回の実験から誤差の大きさを評価することができない．分散分析表に誤差の大きさを自分で入れて検定することになる．

表1-15は，3水準系の一番小さなもので，$L_9(3^4)$直交表である．9個の試料を作ることで，最大4つの因子を割り当てることができる．行と列の見方は，$L_8(2^7)$直交表と同様である．

表の中の数字（水準）は，1と2と3が出てくることに注意すること．

表1-14 $L_8(2^7)$直交表

処理 No.	(1)因子A	(2)因子B	(3)因子C	(4)因子D	(5)因子E	(6)因子F	(7)因子G	特性値 測定値
1	1	1	1	1	1	1	1	Y_1
2	1	1	1	2	2	2	2	Y_2
3	1	2	2	1	1	2	2	Y_3
4	1	2	2	2	2	1	1	Y_4
5	2	1	2	1	2	1	2	Y_5
6	2	1	2	2	1	2	1	Y_6
7	2	2	1	1	2	2	1	Y_7
8	2	2	1	2	1	1	2	Y_8

表1-15 $L_9(3^4)$直交表

処理 No.	(1)因子A	(2)因子B	(3)因子C	(4)因子D	特性値 測定値
1	1	1	1	1	Y_1
2	1	2	2	2	Y_2
3	1	3	3	3	Y_3
4	2	1	2	3	Y_4
5	2	2	3	1	Y_5
6	2	3	1	2	Y_6
7	3	1	3	2	Y_7
8	3	2	1	3	Y_8
9	3	3	2	1	Y_9

表 1-16 $L_{16}(4^5)$ 直交表

処理 No.	(1) 因子 A	(2) 因子 B	(3) 因子 C	(4) 因子 D	(5) 因子 E	特性値 測定値
1	1	1	1	1	1	Y_1
2	1	2	2	2	2	Y_2
3	1	3	3	3	3	Y_3
4	1	4	4	4	4	Y_4
5	2	1	2	3	4	Y_5
6	2	2	1	4	3	Y_6
7	2	3	4	1	2	Y_7
8	2	4	3	2	1	Y_8
9	3	1	3	4	2	Y_9
10	3	2	4	3	1	Y_{10}
11	3	3	1	2	4	Y_{11}
12	3	4	2	1	3	Y_{12}
13	4	1	4	2	3	Y_{13}
14	4	2	3	1	4	Y_{14}
15	4	3	2	4	1	Y_{15}
16	4	4	1	3	2	Y_{16}

表1-16は，4水準系の一番小さなもので，$L_{16}(4^5)$ 直交表で16個の試料を作ることで，4水準の因子を最大5つ割り当てることができる（主効果だけの場合）．

1.8　実験の計画（因子の割り付けの方法）

次に，いろいろな割り付けの例を示す．

（例1）　いま，調査したい因子が5つ（A, B, C, D, F）あり，それぞれが2種類ずつの場合について見てみる．前節の説明より，2水準系の直交表を用いればよいことがわかる．しかし，2水準系の直交表も $L_4(2^3)$ 直交表，$L_8(2^7)$ 直交表，$L_{16}(2^{15})$ 直交表，$L_{32}(2^{31})$ 直交表，$L_{64}(2^{63})$ 直交表といろいろなものがある．カッ

第1章 superDOE分析(スーパーDOE分析)とは

コ内の2のX乗(指数)の部分が割り付けることができる因子の最大数である．

① 5つの因子は主効果のみで，2因子交互作用効果がない場合は，$L_8(2^7)$ 割り付け表（表1-17）がもっとも適用可能な小さな実験サイズであることがわかる．$L_4(2^3)$ 割り付け表（表1-13）では，3因子しか割り付けることができない．この場合は，2因子交互作用効果がないので線点図を必要としない．5つの因子を列の好きなものに割り付ければよい．余った2列は，誤差の大きさの評価に用いる．

② 5つの因子の主効果と2因子交互作用効果として$A \times B$と$A \times C$と$D \times F$が考えられる場合は，必要な列の数は$5 + 3 = 8$列となる．$L_8(2^7)$ 割り付け表では1列足らないので，割り付け可能なものは$L_{16}(2^{15})$ 割り付け表（表1-18）である．2因子交互作用効果があるので，線点図を用いて割り

表1-17 ①の割り付け例 $L_8(2^7)$ 割り付け表

①	(1) 誤差	(2) A	(3) F	(4) D	(5) 誤差	(6) C	(7) B	特性値
1	1	1	1	1	1	1	1	Y_1
2	1	1	1	2	2	2	2	Y_1
3	1	2	2	1	1	2	2	Y_1
4	1	2	2	2	2	1	1	Y_1
5	2	1	2	1	2	1	2	Y_1
6	2	1	2	2	1	2	1	Y_1
7	2	2	1	1	2	2	1	Y_1
8	2	2	1	2	1	1	2	Y_1
(1)		3	2	5	4	7	6	2列間の交互作用の出る列番号
(2)			1	6	7	4	5	
(3)				7	6	5	4	
(4)					1	2	3	
(5)						3	2	
(6)							1	
(7)								

表1-18 ②の割り付け例 $L_{16}(2^{15})$ 割り付け表

列	1	2	3	4	5	6	7	8	9	10	11	12	13	14	15	特性
②	C	D	e	F	e	$D \times F$	$A \times B$	B	e	e	e	e	e	$A \times C$	A	

1.8 実験の計画(因子の割り付けの方法)

付ける．この場合は，余った7列は，誤差の大きさの評価に用いる．今回は交互作用効果を調査したいので，$L_{12}(2^{11})$ 割り付け表を用いるのは適切ではない．交互作用効果を検出する必要のない場合の最小の実験数はこの $L_{12}(2^{11})$ 割り付け表を用いた12になる．

①の割り付け例を表1-17に示す．この例では，余った(1)列と(5)列を誤差の大きさの定量的な評価に用いる．この大きさを基準にして各種効果を評価する（この検定方法を分散分析という）．この割り付け表の下に三角形の表が付いている．この割り付け表の列はすべて直交するように作られているが，2つの列を組み合わせると，特定の列に組み合わされた効果が表れるようになっている．①の例では必要ないが，2因子交互作用効果を実験で割り付ける場合は，この特定の列に2因子交互作用因子を割り付ける．このため，2因子交互作用効果の検出したい場合は，交互作用があると考えている主効果因子を先に割り当て，次に自動的に決まる交互作用列を割り当てる．交互作用効果を考えなくて良い因子はこのあと割り付ける．この順番で計画するとスムーズに割り付けることができる．

e は誤差列を表す．

$L_{16}(2^{15})$ 割り付け表の線点図(2)の(a)を用いた（図1-15）．他の線点図を用いてもよい．

もう1つの方法は，割り付け表の下に書いてある三角形の表を用いれば割り

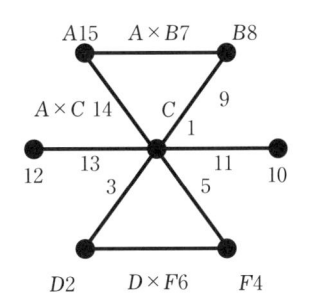

図1-14 2^{16} 線点図による因子の割り付け

第1章 superDOE分析(スーパーDOE分析)とは

付けできる．主効果を割り当てたとき，2つの列番号が交差する数字が交互作用が出てくる列番号である．

(例2) 調査したい因子が3つ(A, B, C)あり，それぞれが3種類ずつの場合について見てみる．前節の説明より，この場合は3水準系の直交表を用いればよいことがわかる．しかし，3水準系の割り付け表も$L_9(3^4)$割り付け表，$L_{27}(3^{13})$割り付け表，$L_{81}(3^{40})$割り付け表といろいろなものがある．

① 3つの因子は主効果のみで，2因子交互作用効果がない場合は，$L_9(3^4)$割り付け表がもっとも適用可能な小さな実験サイズであることがわかる(表1-19，図1-16)．

② 3つの因子の主効果と2因子交互作用効果として$A \times B$と$A \times C$が考えられる場合は，必要な列の数は$3 + 2 \times 2 = 7$列となる(3水準の割り付けでは2因子交互作用効果を検出する場合は割り付けに2列必要であることに注意)．$L_9(3^4)$割り付け表では3列足らないので，割り付け可能なものは$L_{27}(2^{13})$割り付け表である(表1-20)．2因子交互作用効果があるので，

表1-19 $L_9(3^4)$割り付け表

①	(1)	(2)	(3)	(4)	特性値
	B	誤差	A	C	
1	1	1	1	1	Y_1
2	1	2	2	2	Y_2
3	1	3	3	3	Y_3
4	2	1	2	3	Y_4
5	2	2	3	1	Y_5
6	2	3	1	2	Y_6
7	3	1	3	2	Y_7
8	3	2	1	3	Y_8
9	3	3	2	1	Y_9
	(1)	3, 4	2, 4	2, 3	2列間の交互作用(2つの列に出る)
		(2)	1, 4	1, 3	
			(3)	1, 2	
				(4)	

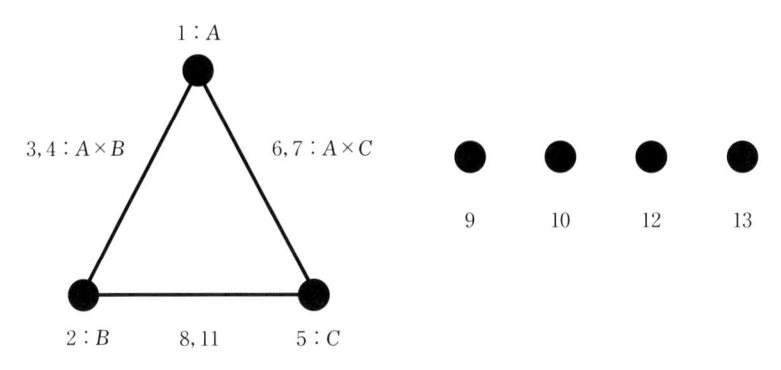

1.8 実験の計画(因子の割り付けの方法)

図1-15 L_{27} 線点による因子の割り付け

表1-20 ② $L_{27}(2^{13})$ 割り付け表 割り付け例

②	(1)	(2)	(3)	(4)	(5)	(6)	(7)	(8)	(9)	(10)	(11)	(12)	(13)	特性
	A	B	$A\times B$	$A\times B$	C	$A\times C$	$A\times C$	e	e	e	e	e	e	
1	1	1	1	1	1	1	1	1	1	1	1	1	1	
2	1	1	1	1	2	2	2	2	2	2	2	2	2	
3	1	1	1	1	3	3	3	3	3	3	3	3	3	
4	1	2	2	2	1	1	1	2	2	2	3	3	3	
5	1	2	2	2	2	2	2	3	3	3	1	1	1	
6	1	2	2	2	3	3	3	1	1	1	2	2	2	
7	1	3	3	3	1	1	1	3	3	3	2	2	2	
8	1	3	3	3	2	2	2	1	1	1	3	3	3	
9	1	3	3	3	3	3	3	2	2	2	1	1	1	
10	2	1	2	3	1	2	3	1	2	3	1	2	3	
11	2	1	2	3	2	3	1	2	3	1	2	3	1	
12	2	1	2	3	3	1	2	3	1	2	3	1	2	
13	2	2	3	1	1	2	3	2	3	1	3	1	2	
14	2	2	3	1	2	3	1	3	1	2	1	2	3	
⋮	⋮	⋮	⋮	⋮	⋮	⋮	⋮	⋮	⋮	⋮	⋮	⋮	⋮	
25	3	3	2	1	1	3	2	3	2	1	2	1	3	
26	3	3	2	1	2	1	3	1	3	2	3	2	1	
27	3	3	2	1	3	2	1	2	1	3	1	3	2	

線点図もしくは交互作用列表を用いて割り付ける．この場合も，余った6列は，誤差の大きさの評価に用いる．

1.9 結果の見方のポイント（重相関係数，分散分析表，係数表，有効繰返し数）

(1) 実験全体の評価

今回取り上げた因子で，特性値の動きを説明できるのか否かをチェックする．因子の水準を変えたことによる特性値の動きを因子の効果（回帰による効果と言うものもある）とし，これで説明できない特性値の動きを誤差と呼ぶ．因子の効果と誤差を加えたものが特性値の全体の動きになる．

$$決定係数（寄与率）R^2 = \frac{因子の効果（平方和）}{全体の変動量（平方和）} = \frac{S_R}{S_T} = \frac{因子よりの平方和}{全平方和}$$

寄与率の平方根をとると，

$$重相関係数 R = \sqrt{(寄与率)}$$

ここで，$0 \leq R \leq 1$ である．

となる．

この式で示すように，因子の効果で動く特性値の量（偏差平方和）が変動量全体のどれぐらいの比率かを表している．このため，これを寄与率もしくは，決定係数という．

次にこの因子効果が意味のあるものか否かを検定する．これには，分散分析表を用いる．表1-21がその分散分析である．

この分散分析表というのは，特性値の動きを平方和という形で，因子の効果によるものと，誤差によるものに分解する．これが，分散分析表の平方和である．これを，各々の自由度で割る．これを分散という．因子効果の自由度は次の式で求める．

1.9 結果の見方のポイント(重相関係数,分散分析表,係数表,有効繰返し数)

表1-21 分散分析表の例 全体分散分析表("解析結果"シート)

	平方和	自由度	分散	分散比	検定有意F
因子効果	5000	10	500.0	10.0	4.568
誤差	250	5	50.0		
合計	5250	15			

$$\text{因子効果の自由度} \quad \phi_R = \sum_{\text{全因子}} (\text{因子の水準数} - 1)$$

合計の自由度 = 全サンプル数 - 1

誤差の自由度 = 合計の自由度 - 因子効果の自由度

このようにして求めた分散の比をとる.

$$\text{求められた分散比} \quad F = \frac{\text{因子の分散}}{\text{誤差の分散}} = \frac{V_R}{V_E}$$

この分散比FがF分布に従うことが知られており,このF分布の性質を利用して,全体の評価を行う.この求められた分散比Fがどれぐらいの確率(α)でしか,起こらないことかを見るのである.この確率がα以下であれば,従来と違うことが起きていると考えるのである.このような考え方を検定という.

毎回,確率を計算するのはたいへんなので,確率αのところのF値(これを"有意F値"と呼ぶ)を求めておき,求められた分散比Fが,この"有意F値"より大きければ,意味がある(特性値に与える影響が0ではない)と考え,小さい場合はこの因子は水準が変わっても,特性値に影響しない(特性値に与える影響が0である)と考える.言い換えれば,"誤差である"と考えるのである.

(2) 因子ごとの評価

因子全体としての評価を(1)項で行ったが,各々の因子では,どの因子が特性値に大きく影響しているのか,どの因子の影響量は小さいのかを定量的に知りたくなる.そこで,分散分析表で求めた因子の効果の平方和を因子ごとに分解する(表1-22).

分解した平方和をそれぞれの因子の自由度で割ると分散が求められる.この

第1章 superDOE分析(スーパーDOE分析)とは

表1-22 分散分析表の例全体分散分析表("分散分析表"シート)

	平方和	自由度	分散	分散比	検定有意F
因子の効果	500	10	50.0	10.0	4.74
因子Aの効果	200	2	100.0	20.0	5.79
因子Bの効果	150	2	75.0	15.0	5.79
因子Cの効果	100	2	50.0	10.0	5.79
因子Dの効果	30	2	15.0	3.0	5.79
因子Fの効果	20	2	10.0	2.0	5.79
誤　　差	25	5	5.0		
合　　計	5250	15			

（注）　検定の有意F値は危険率$\alpha = 0.05$（5％）で求めている．実際の検定においてはこのαを各自が指定する．

　分散を誤差の分散で割ったものが分散比である．この値を有意F値と比較し，有意F値より大きいときこの因子は特性値に影響を与えていると考える．以上が分散分析における検定である．この例では，因子A，B，Cは有意であるが，因子D，Fは有意ではない．そこで，因子D，Fを誤差と考えて，誤差と合体する（"誤差にプーリングする"という）方法と，危険率$\alpha = 0.05$では有意ではないが，$\alpha = 0.20$ぐらいでは有意になる可能性があるので，誤差に合体しない方法がある．本書では，検定の結果を標準化するために，検定で有意でないものは誤差にプーリングする．したがって，固有技術から考えて，残したいと考えるのであれば，最初から危険率αを大きめに設定することを薦める．

　次に，因子D，Fを誤差と考えて，"誤差にプーリングした"分散分析表を示す（表1-23）．それぞれの平方和，自由度，分散と分散比，ならびに有意のF値もすべて変わることに注意すること．実験計画法では，このプーリングを手作業で行っていたが，superDOE分析では，自動で計算をする．操作の方法については，具体的な例題の中で示す．

(3)　各因子の水準ごとの特性値に対する影響量の評価

　特性値に影響する因子が判明すれば，最後に知りたいのはそれぞれの因子の

1.9 結果の見方のポイント(重相関係数，分散分析表，係数表，有効繰返し数)

表1-23 プーリング後の分散分析表（"分散分析表"シート）

	平方和	自由度	分散	分散比	検定有意F
因子の効果	450	6	75.0	9.0	3.37
因子Aの効果	200	2	100.0	12.0	4.26
因子Bの効果	150	2	75.0	9.0	4.26
因子Cの効果	100	2	50.0	6.0	4.26
誤　　差	75	9	8.33		
合　　計	5250	15			

表1-24 係数表

因子名	水準	第1水準基準係数	t値	対比
定数項	β_0	16.250	4.89	10.125
A	1	0.000	0.00	-3.535
A	2	7.071	3.46	3.535
B	1	0.000	0.00	3.062
B	2	-6.124	-3.00	-3.062
C	1	0.000	0.00	2.500
C	2	-5.000	-2.45	-2.500

どの水準が望ましいかということである．superDOE分析を行うと次の係数表(表1-24)が表示される．

この表の対比欄がそれぞれの水準に対する特性値への影響量である(この対比は，それぞれの因子で対比の合計が0になるように調整してある)．特性値が大きい方が望ましいときは，この対比の大きいものを選択すればよい．この例でいえば，因子Aは第2水準，因子B，Cは第1水準の対比の方が大きい．特性値が小さい方が望ましいときは，因子Aは第1水準，因子B，Cは第2水準となる．

(4) 最適な組み合わせ条件の決定

以上より，特性値が大きい方が望ましいときの最適水準組み合わせ条件は，

第1章 superDOE分析(スーパーDOE分析)とは

$A_2 B_1 C_1$ となる．特性値が小さい方が望ましいときは，$A_1 B_2 C_2$ である．

(5) 最適水準組み合わせ条件における特性値の推定値

最適水準組み合わせ条件，$A_2 B_1 C_1$ における特性値の値を推定してみる．これは上の良いと判断した水準の対比と一番上の定数項を加えればよい．

$$\hat{Y} = 10.125 + 3.535 + 3.062 + 2.500 = 19.222$$

となる．

第2章 開発や改善における試験・実験例

2.1 因子数が7以下で,因子の水準が2種類ずつ(2水準ずつ)(L_8直交表)

この章では,割り付けの例を示す.

主効果が4つと交互作用効果が1つの,合計5因子で各2水準の場合の実験例を以下に示す.特性値は,ある電気特性Hを取り上げた(単位および桁は変換してある).割り付け表として,$L_8(2^7)$直交表を利用した(表2-1).

この結果にもとづいて,superDOE分析を行った.結果を以下に示す(表2-2).

寄与率は,$R^2 = 99\%$でこの特性値の動きを非常によく説明していることがわかる.

誤差の標準偏差は,$\sigma_e = 1.904$である.

表2-1 割り付けおよび特性値の測定結果のデータ表

因子名	変数-1 A	変数-2 D	変数-3 誤差	変数-4 B	変数-5 $A \times B$	変数-6 誤差	変数-7 C	特性値
1	1	1	1	1	1	1	1	21
2	1	1	1	2	2	2	2	12
3	1	2	2	1	1	2	2	17
4	1	2	2	2	2	1	1	3
5	2	1	2	1	2	1	2	39
6	2	1	2	2	1	2	1	21
7	2	2	1	1	2	2	1	25
8	2	2	1	2	1	1	2	19

表2-2　回帰統計

重相関係数 R	0.995
寄与率 R^2	0.990
誤差の標準偏差	1.904
観測数	8
有効反復数	1.333

表2-3　分散分析表

	平方和	自由度	分散	分散比	検定有意 F
因子効果	742.625	5	148.525	40.972	9.293
誤　　差	7.250	2	3.625		$\alpha = 0.10$
合　　計	749.875	7			

　次に，寄与率だけではなく，分散についても見てみる（表2-3）．この実験は有意水準 α を10％で実施したので，F 検定の

$$F(5, 2 ; 0.10) = 9.293$$

に対して観測された分散比を比較する．

$$F_0 = 40.972 \geqq F(5, 2 ; 0.10) = 9.293$$

より，危険率は，10％で，今回の実験に取り上げた因子は特性値に影響していることがわかる．

　　（注）　有意水準10％とは，100回同じような判断を下したときに，90回正しく判断し，残り10回は間違った判断をする可能性を含む信頼度の判断を下したことを示す．ここでは有意水準を10％としたが，初心のうちは5％に固定したほうがよい．

　それでは，各因子について見てみる．全体としては有意であることはわかったが，どの因子が大きく効いているのだろうか？　表2-4に，各因子の水準毎の特性値に与える影響度と各因子が有意であるか否かを検定してある．
　前後の2表（表2-4，表2-5）より，交互作用効果 $A \times B$ を因子に取り入れて実験したが，特性値に影響しないことがわかった．他の主効果 A, B, C, D は有意である．そこで，交互作用効果 $A \times B$ を誤差に取り入れるために，もう

2.1 因子数が7以下で，因子の水準が2種類ずつ（2水準ずつ）（L_8直交表）

表2-4 求められた水準ごとの値とt値および平方和・分散と検定…1回目

因子名	水準	基準係数	t値	対比	平方和	分散	F値	データ数	F(0.10)	有意判定
定数項	β_0	20.50	12.43	19.625						
A	1	0.000	0.00	-6.38	325.13	325.13	89.69	4	8.526	有意である
A	2	12.75	9.47	6.38				4		
D	1	0.000	0.00	3.63	105.13	105.13	29.00	4	8.526	有意である
D	2	-7.25	-5.39	-3.63				4		
B	1	0.00	0.00	5.88	276.13	276.13	76.17	4	8.526	有意である
B	2	-11.75	-8.73	-5.88				4		
$A \times B$	1	0.00	0.00	-0.13	0.13	0.13	0.03	4	8.526	有意でない
$A \times B$	2	0.25	0.19	0.13				4		
C	1	0.00	0.00	-2.13	36.13	36.13	9.97	4	8.526	有意である
C	2	4.25	3.16	2.13				4		

表2-5 分散分析表（"分散分析表"シート）…1回目

項目名称	自由度	平方和	分散	分散比	検定有意F	判定結果
因子効果	5	742.63	148.53	40.972	9.293	
A	1	325.13	325.13	89.690	8.526	有意である
D	1	105.13	105.13	29.000	8.526	有意である
B	1	276.13	276.13	76.172	8.526	有意である
$A \times B$	1	0.13	0.13	0.034	8.526	有意でない
C	1	36.13	36.13	9.966	8.526	有意である
誤差	2	7.25	3.63			
全体	7	749.875				

第2章 開発や改善における試験・実験例

一度superDOE分析を行う．今回は，変数としてA, B, C, Dの4変数を指定して解析する．結果が以下の表2-6，表2-7である．

交互作用効果$A \times B$を誤差に取り入れたことで，誤差の自由度が1増えた

表2-6 因子の水準ごとの特性値に与える効果の表と検定結果…2回目

因子名	水準	基準係数	t値	対比	平方和	分散	F値	データ数	F(0.10)	有意判定
定数項	β_0	20.625	16.64	19.625						
A	1	0.000	0.00	-6.375	325.13	325.13	132.25	4	5.538	有意である
A	2	12.750	11.50	6.375				4		
B	1	0.000	0.00	5.875	276.13	276.13	112.32	4	5.538	有意である
B	2	-11.750	-10.60	-5.875				4		
C	1	0.000	0.00	-2.125	36.13	36.13	14.69	4	5.538	有意である
C	2	4.250	3.83	2.125				4		
D	1	0.000	0.00	3.625	105.13	105.13	42.76	4	5.538	有意である
D	2	-7.250	-6.54	-3.625				4		

表2-7 分散分析表（"分散分析表"シート）…2回目

項目名称	自由度	平方和	分散	分散比	検定有意F	判定結果
因子効果	4	742.500	185.625	75.508	5.343	
A	1	325.125	325.125	132.254	5.538	有意である
B	1	276.125	276.125	112.322	5.538	有意である
C	1	36.125	36.125	14.695	5.538	有意である
D	1	105.125	105.125	42.763	5.538	有意である
誤差	3	7.375	2.458			
全体	7	749.875				

2.1 因子数が7以下で，因子の水準が2種類ずつ（2水準ずつ）（L_8 直交表）

ことに注意すること．また誤差の大きさも 2.458＝$(1.568)^2$ である．

ちなみに，1回目の実験の誤差は 3.625＝$(1.904)^2$ であった．

それでは，各因子をどの水準にすれば，特性値を最大にできるか見てみる．因子の水準毎の特性値に与える効果の表をみると，因子 A は第2水準，因子 B は第1水準，因子 C は第2水準，因子 D は第1水準である．まとめて書くと，$A_2\,B_1\,C_2\,D_1$ が特性値最大になる組み合わせ条件である．

$$Y(A_2\,B_1\,C_2\,D_1) = 19.625 + 6.375 + 5.875 + 2.125 + 3.625 = 37.625$$

が，その条件における推定値である．

最後に，今回の解析結果にもとづいて，実験を行った各条件における特性値の推定値を求めたのが，以下の表である（表2-8）．

(残差) ＝ (実測値) － (推定値)

である．規準化残差はこの残差を誤差の標準偏差で割ったものである．右端の区間幅は，誤差の大きさを考慮して，95％信頼度のばらつきの範囲を示したものである．

表 2-8　母平均の・区間指定（DOE 分析）

No.	実測値	推定値	残差	規準化残差	区間下限	区間上限	区間幅
1	21.00	20.63	0.38	0.24	16.68	24.57	3.94
2	12.00	13.13	－1.13	－0.72	9.18	17.07	3.94
3	17.00	17.63	－0.63	－0.40	13.68	21.57	3.94
4	3.00	1.63	1.38	0.88	－2.32	5.57	3.94
5	39.00	37.63	1.38	0.88	33.68	41.57	3.94
6	21.00	21.63	－0.63	－0.40	17.68	25.57	3.94
7	25.00	26.13	－1.13	－0.72	22.18	30.07	3.94
8	19.00	18.63	0.38	0.24	14.68	22.57	3.94

(注) 信頼度 $(1-\beta) = 0.95$

2.2 因子数が15以下で,因子の水準が2種類ずつ(L_{16}直交表)

主効果が7つと交互作用効果が3つの,合計10因子で各2水準の場合の実験例を以下に示す.特性値は,ある機械特性Zを取り上げた(単位および桁は変換してある).$L_8(2^7)$直交表では無理なため,割り付け表として,$L_{16}(2^{15})$直交表を利用した(表2-9).

表2-9 割り付けおよび特性値の測定結果のデータ表

列 No.	(1) C	(2) F	(3) e	(4) H	(5) e	(6) e	(7) A×B	(8) B	(9) e	(10) D	(11) C×D	(12) e	(13) G	(14) A×C	(15) A	特性値
1	1	1	1	1	1	1	1	1	1	1	1	1	1	1	1	67
2	1	1	1	1	1	1	1	2	2	2	2	2	2	2	2	62
3	1	1	1	2	2	2	2	1	1	1	1	2	2	2	2	57
4	1	1	1	2	2	2	2	2	2	2	2	1	1	1	1	50
5	1	2	2	1	1	2	2	1	1	2	2	1	1	2	2	63
6	1	2	2	1	2	2	2	2	1	1	2	1	2	1	2	60
7	1	2	2	2	1	1	1	1	1	2	2	2	2	1	1	62
8	1	2	2	2	1	1	1	2	2	1	1	1	1	2	2	63
9	2	1	2	1	1	2	2	1	2	1	2	1	2	1	2	71
10	2	1	2	1	2	2	2	2	1	2	1	2	1	2	1	55
11	2	1	2	2	1	1	1	1	2	1	2	2	1	2	1	60
12	2	1	2	2	2	1	1	2	1	2	1	1	2	1	2	59
13	2	2	1	1	1	2	1	1	2	2	1	1	1	2	1	66
14	2	2	1	1	2	1	2	2	1	2	2	2	1	1	2	68
15	2	2	1	2	1	1	2	1	2	1	2	1	1	1	2	67
16	2	2	1	2	2	1	2	2	1	1	1	2	2	1	2	62

2.2 因子数が15以下で,因子の水準が2種類ずつ(L_{16}直交表)

16回の実験をランダムに実施し,右端の特性値を得た.これにもとづいてsuperDOE分析を実施した結果が以下のとおりである(表2-10).

寄与率は,$R^2 = 86\%$でこの特性値の動きを非常によく説明していることがわかる.

誤差の標準偏差は,$\sigma_e = 3.376$である.

次に,寄与率だけではなく,分散についても見てみる(表2-11).

これが次の分散分析表である.この実験は有意水準αを10%で検定したので,F検定の

$$F(10, 5 ; 0.10) = 3.297$$

に対して観測された分散比を比較する.

$$F_0 = 3.184 \leq F(10, 5 ; 0.10) = 3.297$$

より,危険率は,10%で,今回の実験に取り上げた因子は特性値に影響しているとは言えない.しかし,検定値とぎりぎりの値であり,因子の中に有意なものと有意でないものが混じっている可能性がある.そこで,水準ごとの値とt値および平方和・分散もしくは,分散分析表を見る.

表2-10 回帰統計

重相関係数 R	0.930
寄与率 R^2	0.864
誤差の標準偏差	3.376
観測数	16
有効反復数	1.455

表2-11 分散分析表

	平方和	自由度	分散	分散比	検定有意 F
因子効果	363.000	10	36.300	3.184	3.297
誤差	57.000	5	11.400		$\alpha = 0.10$
合計	420.000	15			

表2-12,表2-13より,

① 因子A,因子B,因子F,因子Hは有意である,
② 因子C,因子Dは有意ではないがF値が3以上あり基準値の4.06に近い,
③ 因子G,因子A×B,因子A×C,因子C×Dは有意ではない,

ことがわかる(表の右側の列のF値,F(0.10)と有意判定の結果より).

この結果により,③の因子G,因子A×B,因子A×C,因子C×Dを誤差にプーリングする(③の因子を外し,①と②の因子を変数に指定して,superDOE分析を再実施する,表2-14～表2-16).

寄与率は,R^2 = 74.6％でこの特性値の動きを非常によく説明していることがわかる.

誤差の標準偏差は,σ_e = 3.440 である.

1回目と同様,因子C,Dは有意とはならないが,F値(分散比)が大きいので,誤差と考えないで残す.

因子G,因子A×B,因子A×C,因子C×Dを誤差に取り入れたことで,誤

表2-12 分散分析表("分散分析表"シート)

項目名称	自由度	平方和	分散	分散比	検定有意F	判定結果
因子効果	10	363.000	36.300	3.184	3.297	
A	1	49.000	49.000	4.298	4.060	有意である
B	1	72.250	72.250	6.338	4.060	有意である
A×B	1	30.250	30.250	2.654	4.060	有意でない
C	1	36.000	36.000	3.158	4.060	有意でない
A×C	1	16.000	16.000	1.404	4.060	有意でない
D	1	36.000	36.000	3.158	4.060	有意でない
C×D	1	1.000	1.000	0.088	4.060	有意でない
F	1	56.250	56.250	4.934	4.060	有意である
G	1	2.250	2.250	0.197	4.060	有意でない
H	1	64.000	64.000	5.614	4.060	有意である
誤差	5	57.000	11.400			
全体	15	420.000				

2.2 因子数が15以下で，因子の水準が2種類ずつ（L_{16}直交表）

表2-13 求められた水準ごとの値とt値および平方和・分散と検定

因子名	水準	基準係数	t値	対比	平方和	分散	F値	データ数	$F(0.10)$	判定
定数項	β_0	64.250	22.95	62.00						
A	1	0.000	0.00	-1.75	49.00	49.00	4.30	8	4.060	有意である
A	2	3.500	2.07	1.75				8		
B	1	0.000	0.00	2.125	72.25	72.25	6.34	8	4.060	有意である
B	2	-4.250	-2.52	-2.125				8		
$A \times B$	1	0.000	0.00	1.375	30.25	30.25	2.65	8	4.060	有意でない
$A \times B$	2	-2.750	-1.63	-1.375				8		
C	1	0.000	0.00	-1.50	36.00	36.00	3.16	8	4.060	有意でない
C	2	3.000	1.78	1.50				8		
$A \times C$	1	0.000	0.00	1.00	16.00	16.00	1.40	8	4.060	有意でない
$A \times C$	2	-2.000	-1.18	-1.00				8		
D	1	0.000	0.00	1.50	36.00	36.00	3.16	8	4.060	有意でない
D	2	-3.000	-1.78	-1.50				8		
$C \times D$	1	0.000	0.00	-0.25	1.00	1.00	0.09	8	4.060	有意でない
$C \times D$	2	0.500	0.30	0.25				8		
F	1	0.000	0.00	-1.88	56.25	56.25	4.93	8	4.060	有意である
F	2	3.750	2.22	1.88				8		
G	1	0.000	0.00	-0.38	2.25	2.25	0.20	8	4.060	有意でない
G	2	0.750	0.44	0.38				8		
H	1	0.000	0.00	2.00	64.00	64.00	5.61	8	4.060	有意である
H	2	-4.000	-2.37	-2.00				8		

第2章 開発や改善における試験・実験例

表2-14 回帰統計

	2回目	1回目
重相関係数 R	0.864	0.930
寄与率 R^2	0.746	0.864
誤差の標準偏差	3.440	3.376
観測数	16	16
有効反復数	2.286	1.455

表2-15 求められた水準ごとの値と t 値および平方和・分散と検定

因子名	水準	基準係数	t値	対比	平方和	分散	F値	データ数	$F(0.10)$	有意判定
定数項	β_0	62.50	27.47	62.000						ある
A	1	0.00	0.00	-1.750	49.00	49.00	4.14	8	3.360	有意である
A	2	3.50	2.03	1.750				8		
B	1	0.00	0.00	2.125	72.25	72.25	6.11	8	3.360	有意である
B	2	-4.25	-2.47	-2.125				8		
C	1	0.00	0.00	-1.500	36.00	36.00	3.04	8	3.360	有意でない
C	2	3.00	1.74	1.500				8		
D	1	0.00	0.00	1.500	36.00	36.00	3.04	8	3.360	有意でない
D	2	-3.00	-1.74	-1.50				8		
F	1	0.00	0.00	-1.875	56.25	56.25	4.75	8	3.360	有意である
F	2	3.70	2.18	1.875				8		
H	1	0.00	0.00	2.00	64.00	64.00	5.41	8	3.360	有意である
H	2	-4.00	-2.33	-2.00				8		

差の自由度が4増えたことに注意.また誤差の大きさも 11.833 = $(3.440)^2$ である.

ちなみに,1回目の解析時の誤差は 11.400 = $(3.376)^2$ であった.

それでは,各因子をどの水準にすれば,特性値を最大にできるか見てみる.因子の水準ごとの特性値に与える効果の表をみると,因子Aは第2水準,因子

2.2 因子数が15以下で，因子の水準が2種類ずつ（L_{16}直交表）

表2-16 分散分析（"分散分析表"シート）

項目名称	自由度	平方和	分散	分散比	検定有意F	判定結果
因子効果	6	313.500	52.250	4.416	2.551	
A	1	49.000	49.000	4.141	3.360	有意である
B	1	72.250	72.250	6.106	3.360	有意である
C	1	36.000	36.000	3.042	3.360	有意でない
D	1	36.000	36.000	3.042	3.360	有意でない
F	1	56.250	56.250	4.754	3.360	有意である
H	1	64.000	64.000	5.408	3.360	有意である
誤　差	9	106.500	11.833			
全　体	15	420.000				

Bは第1水準，因子Cは第2水準，因子Dは第1水準，因子Fは第2水準，因子Hは第1水準である．まとめて書くと，$A_2 B_1 C_2 D_1 F_2 H_1$ が特性値最大になる組み合わせ条件である．

$$Y(A_2 B_1 C_2 D_1 F_2 H_1)$$
$$= 62.00 + 1.75 + 2.125 + 1.50 + 1.50 + 1.875 + 2.00 = 72.75$$

が，この条件における推定値である．

因子Cと因子Dが有意でないので，誤差として考える場合の推定値は，

$$Y(A_2 B_1 F_2 H_1)$$
$$= 62.00 + 1.75 + 2.125 + 1.875 + 2.00 = 69.75$$

となる．

最後に，今回の解析結果にもとづいて，実験を行った各条件における特性値の推定値を求めたのが，表2-17である．

第2章 開発や改善における試験・実験例

表2-17 実測値と残差および信頼度95%の信頼区間

No.	実測値	推定値	残差	規準化残差	区間下限	区間上限	区間幅
1	67.00	62.50	4.50	1.31	57.35	67.65	5.15
2	62.00	58.75	3.25	0.94	53.60	63.90	5.15
3	57.00	62.00	−5.00	−1.45	56.85	67.15	5.15
4	50.00	51.25	−1.25	−0.36	46.10	56.40	5.15
5	63.00	66.75	−3.75	−1.09	61.60	71.90	5.15
6	60.00	62.00	−2.00	−0.58	56.85	67.15	5.15
7	62.00	59.25	2.75	0.80	54.10	64.40	5.15
8	63.00	61.50	1.50	0.44	56.35	66.65	5.15
9	71.00	69.00	2.00	0.58	63.85	74.15	5.15
10	55.00	58.25	−3.25	−0.94	53.10	63.40	5.15
11	60.00	61.50	−1.50	−0.44	56.35	66.65	5.15
12	59.00	57.75	1.25	0.36	52.60	62.90	5.15
13	66.00	66.25	−0.25	−0.07	61.10	71.40	5.15
14	68.00	68.50	−0.50	−0.15	63.35	73.65	5.15
15	67.00	65.75	1.25	0.36	60.60	70.90	5.15
16	62.00	61.00	1.00	0.29	55.85	66.15	5.15

2.3 因子数が4以下で，因子の水準が3種類ずつ（3水準ずつ）（L_9直交表）

主効果が3つと交互作用効果がなしの，合計3因子で各3水準の場合の実験例を以下に示す（表2-18）．特性値は，新開発中の自動車用部品の表面性状Yを取り上げた（単位および桁は変換してある）．割り付け表として，$L_9(3^4)$直交表を利用した．開発段階の実験であるので，危険率$\alpha = 0.20$として要因効果を検出したい．
superDOE分析にて，変数として1，2，3列を指定して解析した（表2-19）．
　寄与率は，$R^2 = 94.8\%$でこの特性値の動きを非常によく説明していることがわかる．

2.3 因子数が 4 以下で，因子の水準が 3 種類ずつ（3 水準ずつ）（L_9 直交表）

表 2-18 $L_9(3^4)$ 直交表

	(1) C	(2) B	(3) A	(4) 誤差	特性値
1	1	1	1	1	21
2	1	2	2	2	28
3	1	3	3	3	50
4	2	1	2	3	21
5	2	2	3	1	22
6	2	3	1	2	30
7	3	1	3	2	41
8	3	2	1	3	24
9	3	3	2	1	40

表 2-19 回帰統計

重相関係数 R	0.973
寄与率 R^2	0.948
誤差の標準偏差	4.807
観測数	9
有効反復数	1.2857

誤差の標準偏差は，$\sigma_e = 4.807$ である．

次に，分散についても見てみる（表 2-20）．この実験は検定の有意水準 α を 20% で実施したので，F 検定の

$$F(6, 2 ; 0.20) = 4.317$$

に対して観測された分散比を比較する．

$$F_0 = 6.024 \geqq F(6, 2 ; 0.20) = 4.317$$

より，危険率 20% で，今回の実験に取り上げた因子は全体として特性値に影響していると言える．さらに，どの因子がもっとも良く効いているかを見るため，次の係数表を見る（表 2-21）．

第 2 章　開発や改善における試験・実験例

表 2-20　分散分析表

	平方和	自由度	分散	分散比	検定有意 F
因子効果	835.333	6	139.222	6.024	4.317
誤差	46.222	2	23.111		$\alpha = 0.20$
合計	881.556	8			

F 値を見ると，因子 B，因子 A，因子 C の順番であることがわかる．

この表から，分散分析表をきれいにまとめたものがこの表 2-22 である（ソフトでは，"分散分析表"シートに自動で作成してある）．

表 2-21　求められた水準ごとの値と t 値および平方和・分散と検定

因子名	水準	基準係数	t 値	対比	平方和	分散	F 値	データ数	$F(0.20)$	判定
定数項	β_0	24.111	5.69	30.778						
A	1	-0.000	-0.00	-5.778	246.22	123.11	5.33	3	4.00	
A	2	4.667	1.19	-1.111				3		有意である
A	3	12.667	3.23	6.889				3		
B	1	-0.000	-0.00	-3.111	396.22	198.11	8.57	3	4.00	
B	2	-3.000	-0.76	-6.111				3		有意である
B	3	12.333	3.14	9.222				3		
C	1	-0.000	-0.00	2.222	192.89	96.44	4.17	3	4.00	
C	2	-8.667	-2.21	-6.44				3		有意である
C	3	2.000	0.51	4.22				3		

2.3 因子数が4以下で，因子の水準が3種類ずつ（3水準ずつ）（L_9直交表）

表2-22 分散分析表（"分散分析表"シート）

項目名称	自由度	平方和	分散	分散比	検定有意F	判定結果
因子効果	6	835.333	139.222	6.024	4.317	
A	2	246.222	123.111	5.327	4.000	有意である
B	2	396.222	198.111	8.572	4.000	有意である
C	2	192.889	96.444	4.173	4.000	有意である
誤差	2	46.222	23.111			
全体	8	881.556				

最後に，今回の解析結果にもとづいて，実験を行った各条件における特性値の推定値を求めたのが，表2-23である．規準化残差はこの残差を誤差の標準偏差で割ったものである．右端の区間幅は，誤差の大きさを考慮して，95％の信頼度のばらつきの範囲を示したものである．

表2-23 各サンプルの残差と推定

No.	実測値	推定値	残差	規準化残差	区間下限	区間上限	区間幅
1	21.00	24.11	-3.11	-0.65	5.87	42.35	18.24
2	28.00	25.78	2.22	0.46	7.54	44.02	18.24
3	50.00	49.11	0.89	0.18	30.87	67.35	18.24
4	21.00	20.11	0.89	0.18	1.87	38.35	18.24
5	22.00	25.11	-3.11	-0.65	6.87	43.35	18.24
6	30.00	27.78	2.22	0.46	9.54	46.02	18.24
7	41.00	38.78	2.22	0.46	20.54	57.02	18.24
8	24.00	23.11	0.89	0.18	4.87	41.35	18.24
9	40.00	43.11	-3.11	-0.65	24.87	61.35	18.24

2.4 因子数が13以下で，因子の水準が3種類ずつ（L_{27} 直交表）

　主効果が6つ（因子 A, 因子 B, 因子 C, 因子 D, 因子 F, 因子 G）と交互作用効果が2つ（$C \times D$, $C \times F$）の，合計8因子で各3水準の場合の実験例を以下に示す．特性値は，ある機械特性 U を取り上げた．機械特性 U は小さい方が技術的に望ましいとする．単位は省略してある．3水準の割り付けでは交互作用効果を1つ求めるのに2列を要するので，必要な列数は $6 + 2 \times 2 = 10$ 列である．したがって，$L_9(3^4)$ 直交表では無理なので，割り付け表として，$L_{27}(3^{13})$ 直交表を利用した．3水準以上の割り付けでは，交互作用効果を求めるには多くの列を必要とするため，取り上げる交互作用効果は固有技術上，考えられる最小個数にする方が実験の大きさが必要以上に大きくならない．実験は，27組の処理をランダムに実施し，表2-24の結果を得た．

　寄与率は，$R^2 = 98\%$ でこの特性値の動きを非常によく説明していることがわかる（表2-25）．

　誤差の標準偏差は，$\sigma_e = 1.072$ である．

　次に，分散についても見てみる（表2-26，表2-27）．この実験は有意水準 α を20％で実施したので，F 検定の

$$F(20, 6 ; 0.20) = 1.995$$

に対して観測された分散比を比較する．

$$F_0 = 14.942 \geq F(20, 6 ; 0.20) = 1.995$$

より，危険率20％で，今回の実験に取り上げた因子は全体として特性値に影響していると言える．さらに，どの因子がもっとも良く効いているかを見るため，次の係数表を見る（表2-28）．

個々の分散分析表より，因子 B と因子 $C \times F$ が有意でない以外はすべて有意であった．

　superDOE分析の再実行結果を表2-29，表2-30に示す．

2.4 因子数が13以下で，因子の水準が3種類ずつ（L_{27} 直交表）

表 2-24　L_{27} (3^{13}) 直交表　割り付け例

	(1)	(2)	(3)	(4)	(5)	(6)	(7)	(8)	(9)	(10)	(11)	(12)	(13)	機械特性
	C	B	誤差	誤差	A	誤差	G	C×F	F	C×F	D	C×D	C×D	
1	1	1	1	1	1	1	1	1	1	1	1	1	1	47
2	1	1	1	1	2	2	2	2	2	2	2	2	2	49
3	1	1	1	1	3	3	3	3	3	3	3	3	3	49
4	1	2	2	2	1	1	1	2	2	2	3	3	3	45
5	1	2	2	2	2	2	2	3	3	3	1	1	1	48
6	1	2	2	2	3	3	3	1	1	1	2	2	2	52
7	1	3	3	3	1	1	1	3	3	3	2	2	2	46
8	1	3	3	3	2	2	2	1	1	1	3	3	3	51
9	1	3	3	3	3	3	3	2	2	2	1	1	1	52
10	2	1	2	3	1	2	3	1	2	3	1	2	3	48
11	2	1	2	3	2	3	1	2	3	1	2	3	1	50
12	2	1	2	3	3	1	2	3	1	2	3	1	2	53
13	2	2	3	1	1	2	3	2	3	1	3	1	2	43
14	2	2	3	1	2	3	1	3	1	2	1	2	3	52
15	2	2	3	1	3	1	2	1	2	3	2	3	1	54
16	2	3	1	2	1	2	3	3	1	2	2	3	1	46
17	2	3	1	2	2	3	1	1	2	3	3	1	2	48
18	2	3	1	2	3	1	2	2	3	1	1	2	3	56
19	3	1	3	2	1	3	2	1	3	2	1	3	2	50
20	3	1	3	2	2	1	3	2	1	3	2	1	3	51
21	3	1	3	2	3	2	1	3	2	1	3	2	1	50
22	3	2	1	3	1	3	2	2	1	3	3	2	1	43
23	3	2	1	3	2	1	3	3	2	1	1	3	2	53
24	3	2	1	3	3	2	1	1	3	2	2	1	3	53
25	3	3	2	1	1	3	2	3	2	1	2	1	3	47
26	3	3	2	1	2	1	3	1	3	2	3	2	1	47
27	3	3	2	1	3	2	1	2	1	3	1	3	2	58

第2章 開発や改善における試験・実験例

表 2-25 回帰統計

重相関係数 R	0.990
寄与率 R^2	0.980
誤差の標準偏差	1.072
観測数	27
有効反復数	1.286

表 2-26 分散分析表

	平方和	自由度	分散	分散比	検定有意 F
因子効果	343.111	20	17.156	14.942	1.995
誤差	6.889	6	1.148		$\alpha = 0.20$
合計	350.000	26			

表 2-27 分散分析表（"分散分析表"シート）

項目名称	自由度	平方和	分散	分散比	検定有意 F	判定結果
因子効果	20	343.111	17.156	14.942	1.995	
C	2	10.889	5.444	4.742	2.130	有意である
B	2	3.556	1.778	1.548	2.130	有意でない
A	2	214.222	107.111	93.290	2.130	有意である
G	2	6.222	3.111	2.710	2.130	有意である
$C \times F$	2	2.000	1.000	0.871	2.130	有意でない
F	2	6.889	3.444	3.000	2.130	有意である
$C \times F$	2	0.889	0.444	0.387	2.130	有意でない
D	2	68.222	34.111	29.710	2.130	有意である
$C \times D$	2	13.556	6.778	5.903	2.130	有意である
$C \times D$	2	16.667	8.333	7.258	2.130	有意である
誤 差	6	6.889	1.148			
全 体	26	350.000				

2.4 因子数が13以下で，因子の水準が3種類ずつ（L_{27}直交表）

表2-28 求められた水準ごとの値とt値および平方和・分散と検定

因子名	水準	基準係数	t値	対比	平方和	分散	F値	データ数	$F(0.20)$	判定
定数項	β_0	46.889	49.62	49.667						
C	1	0.000	0.00	−0.889	10.89	5.44	4.74	9	2.130	有意である
C	2	1.222	2.42	0.333				9		
C	3	1.444	2.86	0.556				9		
B	1	0.000	0.00	0.000	3.56	1.78	1.55	9	2.130	有意でない
B	2	−0.444	−0.88	−0.444				9		
B	3	0.444	0.88	0.444				9		
A	1	0.000	0.00	−3.556	214.22	107.11	93.29	9	2.130	有意である
A	2	3.778	7.48	0.222				9		
A	3	6.889	13.64	3.333				9		
G	1	0.000	0.00	0.222	6.22	3.11	2.71	9	2.130	有意である
G	2	0.222	0.44	0.444				9		
G	3	−0.889	−1.76	−0.667				9		
$C \times F$	1	0.000	0.00	0.333	2.00	1.00	0.87	9	2.130	有意でない
$C \times F$	2	−0.333	−0.66	0.000				9		
$C \times F$	3	−0.667	−1.32	−0.333				9		
F	1	0.000	0.00	0.667	6.889	3.44	3.00	9	2.130	有意である
F	2	−0.778	−1.54	−0.111				9		
F	3	−1.222	−2.42	−0.556				9		
$C \times F$	1	0.000	0.00	0.222	0.889	0.44	0.39	9	2.130	有意でない
$C \times F$	2	−0.222	−0.44	0.000				9		
$C \times F$	3	−0.444	−0.88	−0.222				9		
D	1	0.000	0.00	1.889	68.222	34.11	29.71	9	2.130	有意である
D	2	−1.778	−3.52	0.111				9		
D	3	−3.889	−7.70	−2.000				9		
$C \times D$	1	0.000	0.00	−0.556	13.556	6.778	5.903	9	2.130	有意である
$C \times D$	2	0.111	0.22	−0.444				9		
$C \times D$	3	1.556	3.08	1.000				9		
$C \times D$	1	0.000	0.00	−1.111	16.67	8.33	7.26	9	2.130	有意である
$C \times D$	2	1.667	3.30	0.556				9		
$C \times D$	3	1.667	3.30	0.556				9		

第2章 開発や改善における試験・実験例

表2-29 回帰統計

重相関係数 R	0.981
寄与率 R^2	0.962
誤差の標準偏差	1.054
観測数	27
有効反復数	1.800

表2-30 求められた水準ごとの値と t 値および平方和・分散と検定

因子名	水準	基準係数	t値	対比	平方和	分散	F値	データ数	$F(0.20)$	有意判定
定数項	β_0	46.333	58.97	49.667						
A	1	0.000	0.00	-3.556	214.22	107.11	96.40	9	1.846	有意である
A	2	3.778	7.60	0.222				9		
A	3	6.889	13.86	3.333				9		
C	1	0.000	0.00	-0.889	10.89	5.44	4.90	9	1.846	有意である
C	2	1.222	2.46	0.333				9		
C	3	1.444	2.91	0.556				9		
D	1	0.000	0.00	1.889	68.22	34.11	30.70	9	1.846	有意である
D	2	-1.778	-3.58	0.111				9		
D	3	-3.889	-7.83	-2.000				9		
F	1	0.000	0.00	0.667	6.89	3.44	3.10	9	1.846	有意である
F	2	-0.778	-1.57	-0.111				9		
F	3	-1.222	-2.46	-0.556				9		
G	1	0.000	0.00	0.222	6.22	3.11	2.80	9	1.846	有意である
G	2	0.222	0.45	0.444				9		
G	3	-0.889	-1.79	-0.667				9		
$C \times D$	1	0.000	0.00	-0.556	13.556	6.78	6.10	9	1.846	有意である
$C \times D$	2	0.111	0.22	-0.444				9		
$C \times D$	3	1.556	3.13	1.000				9		
$C \times D$	1	0.000	0.00	-1.111	16.67	8.33	7.50	9	1.846	有意である
$C \times D$	2	1.667	3.35	0.556				9		
$C \times D$	3	1.667	3.35	0.556				9		

2.4 因子数が13以下で，因子の水準が3種類ずつ（L_{27}直交表）

寄与率は，$R^2 = 96.2\%$でこの特性値の動きを非常によく説明していることがわかる．

誤差の標準偏差は，$\sigma_e = 1.054$である．

今回の残した因子はすべて有意である．特性値は小さい値が望ましいとすると，因子Aは第1水準，因子Cは第1水準，因子Dは第3水準，因子Fは第3水準，因子Gは第3水準である．しかし，交互作用効果$C \times D$が有意であるので，二元表を作ってみる（表2-31）．2元表というのは，因子C3水準，因子D3水準の計9通りの組み合わせについて，それぞれ3つずつのデータの平均を求めたものである．

カッコの中は，全平均（49.667）との差を示す．

C，D二元表より，差が負で絶対値がもっとも大きいのは$C_3 D_3$であるので，因子Cは第3水準，因子Dは第3水準の組み合わせがよいことがわかる．したがって，因子Aは第1水準，因子Cは第3水準，因子Dは第3水準，因子Fは第3水準，因子Gは第3水準である．

まとめて書くと，$A_1 C_3 D_3 F_3 G_3$が特性値最小になる組み合わせ条件である．

$Y(A_1 C_3 D_3 F_3 G_3)$ 〔母平均の推定値〕

$= 49.667 + (-3.556) + (-3.000) + (-0.556) + (-0.667) = 41.888$

〔全平均〕〔A_1効果〕　〔$C_3 D_3$効果〕〔F_3効果〕〔G_3効果〕

が，この条件における推定値である．

表2-32はその前の"求められた水準ごとの値とt値および平方和・分散と検定"表から平方和および分散分析の値を書き出したものである．

表2-31 因子C, D二元表

C, D二元表 水準		C		
		1	2	3
D	1	49.0（-0.667）	52.0（2.333）	53.7（4.000）
	2	49.0（-0.667）	50.0（0.333）	50.3（0.667）
	3	48.3（-1.333）	48.0（-1.667）	46.7（-3.000）

表2-32 分散分析表("分散分析表"シート)

項目名称	自由度	平方和	分散	分散比	検定有意 F	判定結果
因子効果	14	336.667	24.048	14.429	1.634	
A	2	214.222	107.111	96.400	1.846	有意である
C	2	10.889	5.444	4.900	1.846	有意である
D	2	68.222	34.111	30.700	1.846	有意である
F	2	6.889	3.444	3.100	1.846	有意である
G	2	6.222	3.111	2.800	1.846	有意である
$C \times D$	2	13.556	6.778	6.100	1.846	有意である
$C \times D$	2	16.667	8.333	7.500	1.846	有意である
誤差	12	13.333	1.111			
全体	26	350.000				

今回の解析結果にもとづいて,実験を行った各条件における特性値の推定値を求めたのが,表2-33である.規準化残差はこの残差を誤差の標準偏差で割ったものである.

右端の区間幅は,誤差の大きさと有効繰り返し数を考慮して,95%の信頼度のばらつきの範囲を示したものである.95%の信頼度以外の信頼度における区間推定をしたい場合は,superDOE分析の"信頼度の変更(推定)"ボタンにより,任意に変更できる.

注1) 交互作用$C \times D$が有意でない場合は,表2-30より,因子Cは第1水準,因子Dは第3水準で$C_1 D_3$が最適水準組合せとなり,交互作用$C \times D$が有意であるときの$C_3 D_3$とは違ってくることに注意のこと

注2) 表2-32の分散分析表の$C \times D$は,自動では2行になる.最終的なレポートは,手動でまとめて1行にすること.
(自由度,平方和を加えた後,分散と分散比を求める)

2.4 因子数が13以下で，因子の水準が3種類ずつ（L_{27}直交表）

表2-33 各サンプルの水準組み合わせにおける平均値の推定

No.	実測値	推定値	残差	規準化残差	区間下限	区間上限	区間幅
1	47.00	46.33	0.67	0.63	44.62	48.05	1.71
2	49.00	49.56	−0.56	−0.53	47.84	51.27	1.71
3	49.00	50.44	−1.44	−1.37	48.73	52.16	1.71
4	45.00	44.89	0.11	0.11	43.18	46.60	1.71
5	48.00	49.11	−1.11	−1.05	47.40	50.82	1.71
6	52.00	52.33	−0.33	−0.32	50.62	54.05	1.71
7	46.00	45.11	0.89	0.84	43.40	46.82	1.71
8	51.00	49.67	1.33	1.26	47.95	51.38	1.71
9	52.00	51.56	0.44	0.42	49.84	53.27	1.71
10	48.00	47.67	0.33	0.32	45.95	49.38	1.71
11	50.00	49.89	0.11	0.11	48.18	51.60	1.71
12	53.00	52.44	0.56	0.53	50.73	54.16	1.71
13	43.00	43.22	−0.22	−0.21	41.51	44.93	1.71
14	52.00	53.11	−1.11	−1.05	51.40	54.82	1.71
15	54.00	53.67	0.33	0.32	51.95	55.38	1.71
16	46.00	46.44	−0.44	−0.42	44.73	48.16	1.71
17	48.00	48.33	−0.33	−0.32	46.62	50.05	1.71
18	56.00	55.22	0.78	0.74	53.51	56.93	1.71
19	50.00	50.00	0.00	0.00	48.29	51.71	1.71
20	51.00	50.56	0.44	0.42	48.84	52.27	1.71
21	50.00	50.11	−0.11	−0.11	48.40	51.82	1.71
22	43.00	44.22	−1.22	−1.16	42.51	45.93	1.71
23	53.00	53.11	−0.11	−0.11	51.40	54.82	1.71
24	53.00	53.33	−0.33	−0.32	51.62	55.05	1.71
25	47.00	47.11	−0.11	−0.11	45.40	48.82	1.71
26	47.00	45.67	1.33	1.26	43.95	47.38	1.71
27	58.00	57.89	0.11	0.11	56.18	59.60	1.71

2.5 因子数が5以下で，因子の水準が4種類ずつ（4水準ずつ）（L_{16}直交表）

現行製品のコスト低減のため，生産方法を大幅に改善して収量（単位時間あたり生産量）を増加したい．特性値は現状の収量からの増加分とした．そこで，どのような条件が良いか試験することにした．何回も試験を行う時間がないので取り上げた因子 A, B, C, D は各4種類（水準）ずつ取り上げ試験した．因子の割り付けは，L_{16}(4^5) 直交表を用いた．その割り付けと試験結果を以下に示す（表2-34）．

この結果を用いてsuperDOE分析を行った．結果を以下に示す（表2-35）．

寄与率は，$R^2 = 97.3\%$でこの特性値の動きを非常によく説明していることがわかる．

誤差の標準偏差は，$\sigma_e = 6.421$である．

次に全体の評価として分散分析表をみると（表2-36），観測された F 値が8.967で検定基準値2.981（$\alpha = 0.20$）より大きいので，今回取り上げた因子は特性値の動きをよく説明していることがわかる．

"分散分析表" シートにある "分散分析表"（表2-37）か，"解析結果" シートにある "求められた水準ごとの値と t 値および平方和・分散と検定"（表2-38）を見ると，因子ごとの特性値に対する影響がわかる．分散比（F 値）を見ると，因子 A, C, D は有意であるが，因子 B は有意ではない．しかし，F 値が2.59もあるので，誤差にプーリングしないで残す．本来は，最初の方針どおり検定基準 α で判断すべきであるが，一般的に分散比 F 値が2以上あれば誤差にプーリングしないということを考慮し，このようにした．特性値は大きい方が望ましいので，因子 A は第2水準，因子 B は第4水準，因子 C は第3水準，因子 D は第2水準である．まとめて書くと，$A_2 B_4 C_3 D_2$ が特性値最大になる組み合わせ条件である．

2.5 因子数が5以下で，因子の水準が4種類ずつ（4水準ずつ）（L_{16}直交表）

表2-34 割り付けL_{16}（4^5）直交表と試験結果

因子名	D	A	誤差	B	C	収量増加分
1	1	1	1	1	1	15
2	1	2	2	2	2	39
3	1	3	3	3	3	22
4	1	4	4	4	4	8
5	2	1	2	3	4	23
6	2	2	1	4	3	77
7	2	3	4	1	2	50
8	2	4	3	2	1	28
9	3	1	3	4	2	23
10	3	2	4	3	1	29
11	3	3	1	2	4	15
12	3	4	2	1	3	26
13	4	1	4	2	3	5
14	4	2	3	1	4	30
15	4	3	2	4	1	19
16	4	4	1	3	2	16

表2-35 回帰統計

重相関係数 R	0.986
寄与率 R^2	0.973
誤差の標準偏差	6.421
観測数	16
有効反復数	1.231

表2-36 全体分散分析表（"解析結果"シート）

	平方和	自由度	分散	分散比	検定有意F
因子効果	4436.250	12	369.688	8.967	2.981
誤差	123.688	3	41.229		$\alpha = 0.20$
合計	4559.938	15			

第2章　開発や改善における試験・実験例

表2-37　因子ごと分散分析表（"分散分析表"シート）

項目名称	自由度	平方和	分散	分散比	検定有意 F	判定結果
因子効果	12	4436.250	369.688	8.967	2.981	
A	3	1786.188	595.396	14.441	2.936	有意である
B	3	320.688	106.896	2.593	2.936	有意でない
C	3	546.188	182.063	4.416	2.936	有意である
D	3	1783.188	594.396	14.417	2.936	有意である
誤差	3	123.688	41.229			
全体	15	4559.938				

表2-38　求められた水準ごとの値と t 値および平方和・分散と検定

因子名	水準	基準係数	t 値	対比	平方和	分散	F 値	データ数	F (0.10)	判定
定数項	β_0	10.813	1.87	26.563						
D	1	0.000	0.00	-5.563	1783.19	594.40	14.42	4	2.936	有意である
D	2	23.500	5.18	17.938				4		
D	3	2.250	0.50	-3.313				4		
D	4	-3.500	-0.77	-9.063				4		
A	1	0.000	0.00	-10.063	1786.19	595.40	14.44	4	2.936	有意である
A	2	27.250	6.00	17.188				4		
A	3	10.000	2.20	-0.063				4		
A	4	3.000	0.66	-7.063				4		
B	1	-0.000	-0.00	3.69	320.69	106.90	2.59	4	2.936	有意でない
B	2	-8.500	-1.87	-4.81				4		
B	3	-7.750	-1.71	-4.06				4		
B	4	1.500	0.33	5.19				4		
C	1	0.000	0.00	-3.81	546.19	182.06	4.42	4	2.936	有意である
C	2	9.250	2.04	5.44				4		
C	3	9.750	2.15	5.94				4		
C	4	-3.750	-0.83	-7.56				4		

（注）この表の因子の表示順序は，"元データ"シートで変数を選んだ順番に表示される．

2.5 因子数が5以下で，因子の水準が4種類ずつ（4水準ずつ）（L_{16}直交表）

$Y(A_2 B_4 C_3 D_2) = 26.563 + 17.188 + 5.188 + 5.938 + 17.938 = 72.82$

が，この条件における推定値である．

解析変数の指定に際し，変数番号を前から順に1，2，3，4，5としたために，表2-38は因子D，A，B，Cの順に表示されている．因子A，B，C，Dと順に表示したい場合は，"元データ"シートで変数を指定するときにこのA，B，C，Dの順に指定すればよい．

得られた結果から，実験に用いられた各因子の組み合わせ条件における特性値を推定したものを"残差分析"シートに示す（表2-39）．

表2-39 各サンプルの水準組み合わせにおける平均値の推定

No.	実測値	推定値	残差	規準化残差	区間下限	区間上限	区間幅
1	15.00	10.81	4.19	0.65	−7.61	29.23	18.42
2	39.00	38.81	0.19	0.03	20.39	57.23	18.42
3	22.00	22.81	−0.81	−0.13	4.39	41.23	18.42
4	8.00	11.56	−3.56	−0.55	−6.86	29.98	18.42
5	23.00	22.81	0.19	0.03	4.39	41.23	18.42
6	77.00	72.81	4.19	0.65	54.39	91.23	18.42
7	50.00	53.56	−3.56	−0.55	35.14	71.98	18.42
8	28.00	28.81	−0.81	−0.13	10.39	47.23	18.42
9	23.00	23.81	−0.81	−0.13	5.39	42.23	18.42
10	29.00	32.56	−3.56	−0.55	14.14	50.98	18.42
11	15.00	10.81	4.19	0.65	−7.61	29.23	18.42
12	26.00	25.81	0.19	0.03	7.39	44.23	18.42
13	5.00	8.56	−3.56	−0.55	−9.86	26.98	18.42
14	30.00	30.81	−0.81	−0.13	12.39	49.23	18.42
15	19.00	18.81	0.19	0.03	0.39	37.23	18.42
16	16.00	11.81	4.19	0.65	−6.61	30.23	18.42

2.6 因子数が6以下で，因子の水準が5種類ずつ（5水準ずつ）（L_{25}直交表）

新製品の量産化条件を決めるために，納入メーカや生産機械種類などの因子を調査し，重要と思われる5因子を抽出し，その特性値に与える影響度を定量的に調査することになった．因子は5種類ずつ（5水準）選択した．実験を行うにあたり，交互作用効果は考えられないので，$L_{25}(5^6)$直交表を利用した．調査結果を以下に示す（表2-40）．

この結果を用いてsuperDOE分析を行う．結果を以下に示す（表2-41）．

寄与率は，$R^2 = 97.3$％でこの特性値の動きを非常に良く説明していることがわかる．

誤差の標準偏差は，$\sigma_e = 3.362$である．

次に全体の評価として分散分析表をみると（表2-42），観測されたF値が7.296で検定基準値2.445（$\alpha = 0.20$）より大きいので，今回取り上げた因子は特性値の動きをよく説明していると言えることがわかる．

"分散分析表"シートにある"分散分析表"（表2-43）か，"解析結果"シートにある"求められた水準ごとの値とt値および平方和・分散と検定"（表2-44）を見ると，因子毎の特性値に対する影響がわかる．分散比（F値）を見ると，有意水準20％で因子A，B，C，D，Fすべてが有意であった．

特性値は大きい方が望ましいので，因子Aは第3水準，因子Bは第5水準，因子Cは第2水準，因子Dは第2水準，因子Fは第2水準である．

まとめて書くと，$A_3 B_5 C_2 D_2 F_2$が特性値最大になる組み合わせ条件である．
$$Y(A_3 B_5 C_2 D_2 F_2) = 55.00 + 9.20 + 3.40 + 8.60 + 3.60 + 6.80 = 86.60$$
が，この条件における推定値である．

得られた結果から，実験に用いられた各処理ごとの実測値と推定値と残差を"残差分析"シートに示す（表2-45）．

2.6 因子数が6以下で，因子の水準が5種類ずつ(5水準ずつ) (L_{25} 直交表)

表2-40 割り付け L_{25} (5^6) 直交表と調査結果

因子名	F	A	D	B	C	誤差	特性値
1	1	1	1	1	1	1	47
2	1	2	2	2	2	2	59
3	1	3	3	3	3	3	59
4	1	4	4	4	4	4	45
5	1	5	5	5	5	5	53
6	2	1	2	3	4	5	62
7	2	2	3	4	5	1	56
8	2	3	4	5	1	2	71
9	2	4	5	1	2	3	62
10	2	5	1	2	3	4	58
11	3	1	3	5	2	4	65
12	3	2	4	1	3	5	43
13	3	3	5	2	4	1	53
14	3	4	1	3	5	2	52
15	3	5	2	4	1	3	54
16	4	1	4	2	5	3	46
17	4	2	5	3	1	4	48
18	4	3	1	4	2	5	75
19	4	4	2	5	3	1	55
20	4	5	3	1	4	2	41
21	5	1	5	4	3	2	50
22	5	2	1	5	4	3	48
23	5	3	2	1	5	4	63
24	5	4	3	2	1	5	53
25	5	4	3	2	1	5	57

第2章 開発や改善における試験・実験例

表2-41 回帰統計

重相関係数 R	0.987
寄与率 R^2	0.973
誤差の標準偏差	3.362
観測数	25
有効反復数	1.190

表2-42 全体分散分析表（"解析結果"シート）

	平方和	自由度	分散	分散比	検定有意F
因子効果	1648.800	20	82.440	7.296	2.445
誤差	45.200	4	11.300		$\alpha = 0.20$
合計	1694.000	24			

表2-43 因子ごと分散分析表（"分散分析表"シート）

項目名称	自由度	平方和	分散	分散比	検定有意F	判定結果
因子効果	20	1648.800	82.440	7.296	2.445	
F	4	296.000	74.000	6.549	2.483	有意である
A	4	558.000	139.500	12.345	2.483	有意である
D	4	120.000	30.000	2.655	2.483	有意である
B	4	144.000	36.000	3.186	2.483	有意である
C	4	530.800	132.700	11.743	2.483	有意である
誤差	4	45.200	11.300			
全体	24	1694.000				

2.6 因子数が6以下で，因子の水準が5種類ずつ（5水準ずつ）（L_{25}直交表）

表2-44 求められた水準ごとの値とt値および平方和・分散と検定

因子名	水準	基準係数	t値	対比	平方和	分散	F値	データ数	$F(0.20)$	判定
定数項	β_0	48.400	15.71	55.000						
F	1	-0.000	-0.00	-2.400	296.00	74.00	6.55	5	2.483	
F	2	9.200	4.33	6.800				5		
F	3	0.800	0.38	-1.600				5		有意である
F	4	0.400	0.19	-2.000				5		
F	5	1.600	0.75	-0.800				5		
A	1	0.000	0.00	-1.000	558.00	139.50	12.35	5	2.483	
A	2	-3.200	-1.51	-4.200				5		
A	3	10.200	4.80	9.20				5		有意である
A	4	-0.600	-0.28	-1.60				5		
A	5	-1.400	-0.66	-2.40				5		
D	1	0.000	0.00	1.00	120.00	30.00	2.65	5	2.483	
D	2	2.600	1.22	3.60				5		
D	3	-1.200	-0.56	-0.20				5		有意である
D	4	-3.600	-1.69	-2.60				5		
D	5	-2.800	-1.32	-1.80				5		
B	1	-0.000	-0.00	-3.80	144.000	36.00	3.19	5	2.483	
B	2	2.600	1.22	-1.20				5		
B	3	4.400	2.07	0.60				5		有意である
B	4	4.800	2.26	1.00				5		
B	5	7.200	3.39	3.40				5		
C	1	0.000	0.00	-0.40	530.80	132.70	11.74	5	2.483	
C	2	9.000	4.23	8.60				5		
C	3	-1.600	-0.75	-2.00				5		有意である
C	4	-4.800	-2.26	-5.20				5		
C	5	-0.600	-0.28	-1.00				5		

第2章 開発や改善における試験・実験例

表2-45 各サンプルの水準組み合わせにおける平均値の推定

No.	実測値	推定値	残差	規準化残差	区間下限	区間上限	区間幅
1	47.00	48.40	−1.40	−0.42	39.85	56.95	8.55
2	59.00	59.40	−0.40	−0.12	50.85	67.95	8.55
3	59.00	60.20	−1.20	−0.36	51.65	68.75	8.55
4	45.00	44.20	0.80	0.24	35.65	52.75	8.55
5	53.00	50.80	2.20	0.65	42.25	59.35	8.55
6	62.00	59.80	2.20	0.65	51.25	68.35	8.55
7	56.00	57.40	−1.40	−0.42	48.85	65.95	8.55
8	71.00	71.40	−0.40	−0.12	62.85	79.95	8.55
9	62.00	63.20	−1.20	−0.36	54.65	71.75	8.55
10	58.00	57.20	0.80	0.24	48.65	65.75	8.55
11	65.00	64.20	0.80	0.24	55.65	72.75	8.55
12	43.00	40.80	2.20	0.65	32.25	49.35	8.55
13	53.00	54.40	−1.40	−0.42	45.85	62.95	8.55
14	52.00	52.40	−0.40	−0.12	43.85	60.95	8.55
15	54.00	55.20	−1.20	−0.36	46.65	63.75	8.55
16	46.00	47.20	−1.20	−0.36	38.65	55.75	8.55
17	48.00	47.20	0.80	0.24	38.65	55.75	8.55
18	75.00	72.80	2.20	0.65	64.25	81.35	8.55
19	55.00	56.40	−1.40	−0.42	47.85	64.95	8.55
20	41.00	41.40	−0.40	−0.12	32.85	49.95	8.55
21	50.00	50.40	−0.40	−0.12	41.85	58.95	8.55
22	48.00	49.20	−1.20	−0.36	40.65	57.75	8.55
23	63.00	62.20	0.80	0.24	53.65	70.75	8.55
24	53.00	50.80	2.20	0.65	42.25	59.35	8.55
25	57.00	58.40	−1.40	−0.42	49.85	66.95	8.55

2.7　ほとんど2水準因子なのだが，ひとつ4水準因子がある〔多水準法〕

現行製品のコスト低減のため，生産条件を改善することになった．対象となる要因の中から9つの因子(A, B, C, D, F, G, H, K, M)を取り上げて調査することにした．

因子Aは4種類(水準)をどうしても取り上げたいので，変数1と2を用いて，水準組み合わせが(1, 1)のものを第1水準，(1, 2)のものを第2水準，(2, 1)のものを第3水準，(2, 2)のものを第4水準として実験した．この結果，変数1と2の交互作用列は割り付け対象から除外し，残りの12列に残りの因子8個を割り付けた．このような方法を多水準法と言い，その交互作用列は他の因子の割り付け対象から外す．

因子の割り付けは，$L_{16}(2^{15})$直交表を用いた(表2-46)．その割り付けと試験結果を以下に示す(表2-47)．第3列と第4列の間に因子Aの多水準列を挿入してある．解析に際して，因子Aはこの合成列を指定する．

寄与率は，R^2 = 99.6％でこの特性値の動きを非常に良く説明していることがわかる．

誤差の標準偏差は，σ_e = 2.689である．

次に全体の評価として分散分析表をみると(表2-48)，観測されたF値が63.352で検定基準値2.981(α = 0.20)より大きいので，今回取り上げた因子は特性値の動きをよく説明していると言えることがわかる．次に，因子ごとの分散分析表を見てみると(表2-49)，因子Gのみが有意ではなく，他の因子はすべて有意であることがわかる．

求められた係数表を表2-50に示す．しかし，因子Gが有意ではなかったので，再度superDOE分析を行う．因子Gは変数の指定から外す．

誤差へのプーリング後の解析結果を以下に示す(表2-51)．

寄与率は，R^2 = 99.6％でこの特性値の動きを非常によく説明していること

第2章 開発や改善における試験・実験例

表2-46 割り付け L_{16} (2^{15}) 直交表と調査結果

No.	変数-1	変数-2	変数-3	合成変数	変数-4	変数-5	変数-6	変数-7	変数-8	変数-9	変数-10	変数-11	変数-12	変数-13	変数-14	変数-15	変数-16
因子名	A	A	A	A	G	B	誤差	F	D	H	誤差	誤差	M	J	C	K	特性値
1	1	1	1	1	1	1	1	1	1	1	1	1	1	1	1	1	5
2	1	1	1	1	1	1	1	2	2	2	2	2	2	2	2	2	39
3	1	1	1	1	2	2	2	1	1	1	1	2	2	2	2	2	22
4	1	1	1	1	2	2	2	2	2	2	2	1	1	1	1	1	8
5	1	2	2	2	1	1	2	1	1	2	2	1	1	2	2	2	33
6	1	2	2	2	1	1	2	2	2	1	1	2	2	1	1	1	77
7	1	2	2	2	2	2	1	1	1	2	2	2	2	1	1	1	50
8	1	2	2	2	2	2	1	2	2	1	1	1	1	2	2	2	28
9	2	1	2	3	1	2	1	1	2	1	2	1	2	1	2	2	23
10	2	1	2	3	1	2	1	2	1	2	1	2	1	2	1	1	9
11	2	1	2	3	2	1	2	1	2	1	2	2	1	2	1	1	15
12	2	1	2	3	2	1	2	2	1	2	1	1	2	1	2	2	36
13	2	2	1	4	1	2	2	1	2	2	1	1	2	2	1	2	5
14	2	2	1	4	1	2	2	1	2	1	1	2	2	1	1	2	10
15	2	2	1	4	2	1	1	2	1	2	1	2	1	1	1	2	19
16	2	2	1	4	2	1	1	2	2	1	1	2	1	2	2	1	16

2.7 ほとんど2水準因子なのだが，ひとつ4水準因子がある〔多水準法〕

表2-47 回帰統計

重相関係数 R	0.998
寄与率 R^2	0.996
誤差の標準偏差	2.689
観測数	16
有効反復数	1.231

表2-48 分散分析表

	平方和	自由度	分散	分散比	検定有意F
因子効果	5495.750	12	457.979	63.352	2.981
誤差	21.688	3	7.229		$\alpha = 0.20$
合計	5517.438	15			

表2-49 誤差へのプーリング前の因子ごとの分散分析表

項目名称	自由度	平方和	分散	分散比	検定有意F	判定結果
因子効果	12	5495.750	457.979	63.352	2.981	
A	3	2800.688	933.563	129.138	2.936	有意である
G	1	3.063	3.063	0.424	2.682	有意でない
B	1	451.563	451.563	62.464	2.682	有意である
F	1	22.563	22.563	3.121	2.682	有意である
D	1	162.563	162.563	22.487	2.682	有意である
H	1	68.063	68.063	9.415	2.682	有意である
M	1	473.063	473.063	65.438	2.682	有意である
J	1	1242.563	1242.563	171.882	2.682	有意である
C	1	232.563	232.563	32.170	2.682	有意である
K	1	39.063	39.063	5.403	2.682	有意である
誤差	3	21.688	7.229			
全体	15	5517.438				

表2-50　求められた水準ごとの値とt値および平方和・分散

因子名	水準	係数	t値	対比	平方和	分散	F値	データ数	$F(0.2)$	有意判定
定数項	β_0	5.813	2.40	24.688						
A	1	0.000	0.00	-6.188	2800.69	933.56	129.14	4	2.936	有意である
A	2	28.500	14.99	22.313				4		
A	3	2.250	1.18	-3.938				4		
A	4	-6.000	-3.16	-12.188				4		
G	1	0.000	0.00	0.438	3.06	3.06	0.42	8	2.682	有意でない
G	2	-0.875	-0.65	-0.438				8		
B	1	0.000	0.00	5.313	451.56	451.56	62.46	8	2.682	有意である
B	2	-10.625	-7.90	-5.313				8		
F	1	0.000	0.00	-1.19	22.56	22.56	3.12	8	2.682	有意である
F	2	2.375	1.77	1.19				8		
D	1	0.000	0.00	-3.19	162.56	162.56	22.49	8	2.682	有意である
D	2	6.375	4.74	3.19				8		
H	1	0.000	0.00	-2.06	68.06	68.06	9.41	8	2.682	有意である
H	2	4.125	3.07	2.06				8		
M	1	0.000	0.00	-5.44	473.06	473.06	65.44	8	2.682	有意である
M	2	10.875	8.09	5.44				8		
J	1	0.000	0.00	-8.81	1242.56	1242.56	171.88	8	2.682	有意である
J	2	17.625	13.11	8.81				8		
C	1	0.000	0.00	3.81	232.56	232.56	32.17	8	2.682	有意である
C	2	-7.625	-5.67	-3.81				8		
K	1	0.000	0.00	-1.56	39.06	39.06	5.40	8	2.682	有意である
K	2	3.125	2.32	1.56				8		

2.7 ほとんど2水準因子なのだが,ひとつ4水準因子がある〔多水準法〕

表2-51 回帰統計

重相関係数 R	0.998
寄与率 R^2	0.996
誤差の標準偏差	2.487
観測数	16
有効反復数	1.333

表2-52 誤差へのプーリング後の分散分析表

	平方和	自由度	分散	分散比	検定有意F
因子効果	5492.688	11	499.335	80.701	2.457
誤差	24.750	4	6.188		$\alpha = 0.20$
合計	5517.438	15			

がわかる.誤差の標準偏差は,$\sigma_e = 2.487$ である.

次に全体の評価として分散分析表をみると(表2-52),観測されたF値が80.701で検定基準値2.457($\alpha = 0.20$)より大きいので,今回取り上げた因子は特性値の動きをよく説明していると言える.誤差分散は1回目のsuperDOE分析の7.229 から,今回は6.188 となった.また,今回指定した変数(因子)はすべて有意である(表2-53).

それでは,特性値を最大にする各因子条件を求めよう.表2-54より,因子Aは第2水準,因子Bは第1水準,因子Cは第1水準,因子Dは第2水準,因子Fは第2水準,因子Hは第2水準,因子Jは第2水準,因子Kは第2水準,因子Mは第2水準である.

まとめて書くと,$A_2 B_1 C_1 D_2 F_2 H_2 J_2 K_2 M_2$ が特性値最大になる組み合わせ条件である.

$Y(A_2 B_1 C_1 D_2 F_2 H_2 J_2 K_2 M_2)$
$= 24.688 + 22.313 + 5.313 + 3.81 + 3.19 + 1.19 + 2.06 + 8.81 + 1.56 + 5.4$
$= 78.334$

第2章 開発や改善における試験・実験例

表2-53 誤差へのプーリング後の因子ごとの分散分析表

項目名称	自由度	平方和	分散	分散比	検定有意F	判定結果
因子効果	11	5492.688	499.335	80.701	2.457	
A	3	2800.688	933.563	150.879	2.485	有意である
B	1	451.563	451.563	72.980	2.351	有意である
F	1	22.563	22.563	3.646	2.351	有意である
D	1	162.563	162.563	26.273	2.351	有意である
H	1	68.063	68.063	11.000	2.351	有意である
M	1	473.063	473.063	76.455	2.351	有意である
J	1	1242.563	1242.563	200.818	2.351	有意である
C	1	232.563	232.563	37.586	2.351	有意である
K	1	39.063	39.063	6.313	2.351	有意である
誤差	4	24.750	6.188			
全体	15	5517.438				

が，この条件における推定値である．

最後に，これらの因子の係数を用いて，各サンプル条件における特性値の値を計算したものを示す（表2-55）．表の右側に危険率5％，すなわち，信頼度95％の範囲の区間推定を行ってある．

2.7 ほとんど2水準因子なのだが，ひとつ4水準因子がある〔多水準法〕

表2-54 求められた水準ごとの値とt値および平方和・分散

因子名	水準	係数	t値	対比	平方和	分散	F値	データ数	F(0.2)	有意判定
定数項	β_0	5.375	2.50	24.688						
A	1	0.000	0.00	-6.188	2800.69	933.56	150.88	4	2.485	有意である
A	2	28.500	16.20	22.313				4		
A	3	2.250	1.28	-3.938				4		
A	4	-6.000	-3.41	-12.188				4		
B	1	0.000	0.00	5.313	451.56	451.56	72.98	8	2.351	有意である
B	2	-10.625	-8.54	-5.313				8		
F	1	0.000	0.00	-1.188	22.56	22.56	3.65	8	2.351	有意である
F	2	2.375	1.91	1.19				8		
D	1	0.000	0.00	-3.19	162.56	162.56	26.27	8	2.351	有意である
D	2	6.375	5.13	3.19				8		
H	1	0.000	0.00	-2.06	68.06	68.06	11.00	8	2.351	有意である
H	2	4.125	3.32	2.06				8		
M	1	0.000	0.00	-5.44	473.06	473.06	76.45	8	2.351	有意である
M	2	10.875	8.74	5.44				8		
J	1	0.000	0.00	-8.81	1242.56	1242.56	200.82	8	2.351	有意である
J	2	17.625	14.17	8.81				8		
C	1	0.000	0.00	3.81	232.56	232.56	37.59	8	2.351	有意である
C	2	-7.625	-6.13	-3.81				8		
K	1	0.000	0.00	-1.56	39.06	39.06	6.31	8	2.351	有意である
K	2	3.125	2.51	1.56				8		

第2章 開発や改善における試験・実験例

表2-55 母平均の推定値と残差

No.	実測値	推定値	残差	規準化残差	区間下限	区間上限	区間幅
1	5.00	5.38	−0.38	−0.15	−0.61	11.36	5.98
2	39.00	39.88	−0.88	−0.35	33.89	45.86	5.98
3	22.00	21.13	0.88	0.35	15.14	27.11	5.98
4	8.00	7.63	0.38	0.15	1.64	13.61	5.98
5	33.00	31.75	1.25	0.50	25.77	37.73	5.98
6	77.00	75.25	1.75	0.70	69.27	81.23	5.98
7	50.00	51.75	−1.75	−0.70	45.77	57.73	5.98
8	28.00	29.25	−1.25	−0.50	23.27	35.23	5.98
9	23.00	24.25	−1.25	−0.50	18.27	30.23	5.98
10	9.00	9.00	0.00	0.00	3.02	14.98	5.98
11	15.00	15.00	0.00	0.00	9.02	20.98	5.98
12	36.00	34.75	1.25	0.50	28.77	40.73	5.98
13	5.00	2.88	2.13	0.85	−3.11	8.86	5.98
14	10.00	9.13	0.88	0.35	3.14	15.11	5.98
15	19.00	19.88	−0.88	−0.35	13.89	25.86	5.98
16	16.00	18.13	−2.13	−0.85	12.14	24.11	5.98

2.8 ほとんど2水準因子なのだが，ひとつ3水準因子がある〔擬水準〕

現行製品のコスト低減のため，生産条件を改善することになった．対象となる要因の中から9つの因子($A, B, C, D, F, G, H, K, M$)を取り上げて調査することにした．

因子B〜Mは各2水準であるが，因子Aは3種類(水準)をどうしても取り

2.8 ほとんど2水準因子なのだが，ひとつ3水準因子がある 〔擬水準〕

上げたいので，変数1と2を用いて，水準組み合わせが(1, 1)のものを第1水準，(1, 2)のものを第3水準，(2, 1)のものを第2水準，(2, 2)のものを第2水準として実験した．第2水準が本命と考えられるので，第2水準を2回にした．2水準系で2列を使って多水準を作ると4水準分できるので，この例題のような3水準で1水準分余る場合は，結果として，望ましいと考えられる水準を余った水準に割り当てるとよい．

この結果，変数1と2の交互作用列は割り付け対象から除外し，残りの12列に残りの因子8個を割り付けた．このような方法を擬水準法といい，その交互作用列は他の因子の割り付け対象から外す．前項と同様，解析に際し，因子Aはこの合成変数を指定する．因子の割り付けは，$L_{16}(2^{15})$直交表を用いた（表2-56）．その割り付けと試験結果を以下に示す（表2-57）．

寄与率は，$R^2 = 97.1$ %でこの特性値の動きを非常によく説明していることがわかる．

誤差の標準偏差は，$\sigma_e = 6.281$である．

次に全体の評価として分散分析表をみると（表2-58），観測されたF値が12.350で検定基準値2.457（$\alpha = 0.20$）より大きいので，今回取り上げた因子は特性値の動きをよく説明していると言える（表2-59，表2-60）．

因子F, G, H, KはF値が2以下で有意ではないので，誤差にプーリングして，再度superDOE分析を行う．

誤差のプーリング後の分散分析表結果を表2-61に示す．

寄与率は，$R^2 = 94.7$ %でこの特性値の動きを非常によく説明していることがわかる．

誤差の標準偏差は，$\sigma_e = 6.027$である．

次に全体の評価として分散分析表をみると（表2-62），観測されたF値が20.559で検定基準値1.868（$\alpha = 0.20$）より大きいので，今回取り上げた因子は特性値の動きをよく説明していると言える．

表2-63の分散分析表からも，残した因子A, B, D, M, J, Cはすべて有意であることがわかる．それでは特性値をもっとも大きくする各因子の水準につ

表2-56 割り付け L_{16} (2^{15}) 直交表と調査結果

No.	変数-1	変数-2	変数-3	合成変数	変数-4	変数-5	変数-6	変数-7	変数-8	変数-9	変数-10	変数-11	変数-12	変数-13	変数-14	変数-15	変数-16
因子名	A	A	A	A	G	B	誤差	F	D	H	誤差	誤差	M	J	C	K	特性値
1	1	1	1	1	1	1	1	1	1	1	1	1	1	1	1	1	5
2	1	1	1	1	1	1	1	2	2	2	2	2	2	2	2	2	39
3	1	1	1	1	2	2	2	1	1	1	1	2	2	2	2	1	22
4	1	1	1	1	2	2	2	2	2	2	2	1	1	1	1	1	8
5	1	2	2	3	1	1	2	2	1	1	2	1	1	2	2	1	33
6	1	2	2	3	1	1	2	2	2	2	1	1	2	2	1	1	77
7	1	2	2	3	2	2	1	1	1	1	2	2	2	1	1	1	50
8	1	2	2	3	2	2	1	2	1	1	1	1	1	2	1	1	28
9	2	1	2	2	1	2	1	2	1	1	2	1	2	1	2	1	23
10	2	1	2	2	1	2	1	2	2	1	1	2	1	2	1		9
11	2	1	2	2	2	1	2	1	1	1	2	2	1	2	1		15
12	2	1	2	2	2	1	2	1	2	1	2	1	2	1	2		36
13	2	2	1	2	1	2	2	1	1	2	1	2	2	1			5
14	2	2	1	1	1	2	1	2	1	1	2	1	1	2			10
15	2	2	1	2	1	1	2	2	1	1	2	1	2	1			19
16	2	2	1	2	2	2	2	1	1	2	1	2	2	1			16

表2-57 回帰統計

重相関係数 R	0.986
寄与率 R^2	0.971
誤差の標準偏差	6.281
観測数	16
有効反復数	1.333

2.8 ほとんど2水準因子なのだが，ひとつ3水準因子がある〔擬水準〕

表2-58 分散分析表

	平方和	自由度	分散	分散比	有意F
因子・効果	5359.625	11	487.239	12.350	2.457
誤差	157.813	4	39.453		$\alpha = 0.20$
合計	5517.438	15			

表2-59 因子ごとの分散分析表

項目名称	自由度	平方和	分散	分散比	検定有意F	判定結果
因子・効果	11	5359.625	487.239	12.350	2.457	
A	2	2664.563	1332.281	33.769	2.472	有意である
G	1	3.063	3.063	0.078	2.351	有意でない
B	1	451.563	451.563	11.446	2.351	有意である
F	1	22.563	22.563	0.572	2.351	有意でない
D	1	162.563	162.563	4.120	2.351	有意である
H	1	68.063	68.063	1.725	2.351	有意でない
M	1	473.063	473.063	11.990	2.351	有意である
J	1	1242.563	1242.563	31.495	2.351	有意である
C	1	232.563	232.563	5.895	2.351	有意である
K	1	39.063	39.063	0.990	2.351	有意でない
誤差	4	157.813	39.453			
全体	15	5517.438				

第2章 開発や改善における試験・実験例

表2-60 求められた水準ごとの値とt値および平方和・分散

因子名	水準	係数	t値	対比	平方和	分散	F値	データ数	F(0.2)	有意判定
定数項	β_0	5.813	1.03	24.688						
A	1	0.000	0.00	−6.188	2664.56	1332.28	33.77	4	2.472	有意である
A	2	−1.875	−0.49	−8.063				8		
A	3	28.500	6.42	22.313				4		
G	1	0.000	0.00	0.438	3.06	3.06	0.08	8	2.351	有意でない
G	2	−0.875	−0.28	−0.438				8		
B	1	0.000	0.00	5.313	451.56	451.56	11.45	8	2.351	有意である
B	2	−10.625	−3.38	−5.313				8		
F	1	0.000	0.00	−1.19	22.56	22.56	0.57	8	2.351	有意でない
F	2	2.375	0.76	1.19				8		
D	1	0.000	0.00	−3.19	162.56	162.56	4.12	8	2.351	有意である
D	2	6.375	2.03	3.19				8		
H	1	0.000	0.00	−2.06	68.06	68.06	1.73	8	2.351	有意でない
H	2	4.125	1.31	2.06				8		
M	1	0.000	0.00	−5.44	473.06	473.06	11.99	8	2.351	有意である
M	2	10.875	3.46	5.44				8		
J	1	0.000	0.00	−8.81	1242.56	1242.56	31.49	8	2.351	有意である
J	2	17.625	5.61	8.81				8		
C	1	0.000	0.00	3.81	232.56	232.56	5.89	8	2.351	有意である
C	2	−7.625	−2.43	−3.81				8		
K	1	0.000	0.00	−1.56	39.06	39.06	0.99	8	2.351	有意でない
K	2	3.125	1.00	1.56				8		

2.8 ほとんど2水準因子なのだが,ひとつ3水準因子がある 〔擬水準〕

表2-61 回帰統計

重相関係数 R	0.973
寄与率 R^2	0.947
誤差の標準偏差	6.027
観測数	16
有効反復数	2.000

表2-62 誤差のプーリング後の分散分析表

	平方和	自由度	分散	分散比	検定有意F
因子効果	5226.875	7	746.696	20.559	1.868
誤差	290.563	8	36.320		$\alpha = 0.20$
合計	5517.438	15			

表2-63 因子ごとに分けた分散分析表

項目名称	自由度	平方和	分散	分散比	検定有意F	判定結果
因子効果	7	5226.875	746.696	20.559	1.868	
A	2	2664.563	1332.281	36.681	1.981	有意である
B	1	451.563	451.563	12.433	1.951	有意である
D	1	162.563	162.563	4.476	1.951	有意である
M	1	473.063	473.063	13.025	1.951	有意である
J	1	1242.563	1242.563	34.211	1.951	有意である
C	1	232.563	232.563	6.403	1.951	有意である
誤差	8	290.563	36.320			
全体	15	5517.438				

いて見てみる.

表2-64の対比の欄より,因子Aは第3水準,因子Bは第1水準,因子Dは第2水準,因子Mは第2水準,因子Jは第2水準,因子Cは第1水準が良いことがわかる.すなわち,特性値をもっとも大きくする最適水準組み合わせは,

第2章 開発や改善における試験・実験例

表2-64 求められた水準ごとの値とt値および平方和・分散

因子名	水準	係数	t値	対比	平方和	分散	F値	データ数	F (0.20)	有意判定
定数項	β_0	10.188	2.25	24.688						
A	1	0.000	0.00	−6.188	2664.56	1332.28	36.68	4	1.981	有意である
A	2	−1.875	−0.51	−8.063				8		
A	3	28.500	6.69	22.313				4		
B	1	0.000	0.00	5.313	451.56	451.56	12.43	8	1.951	有意である
B	2	−10.625	−3.53	−5.313				8		
D	1	0.000	0.00	−3.188	162.56	162.56	4.48	8	1.951	有意である
D	2	6.375	2.12	3.188				8		
M	1	0.000	0.00	−5.44	473.06	473.06	13.02	8	1.951	有意である
M	2	10.875	3.61	5.44				8		
J	1	0.000	0.00	−8.81	1242.56	1242.56	34.21	8	1.951	有意である
J	2	17.625	5.85	8.81				8		
C	1	0.000	0.00	3.81	232.56	232.56	6.40	8	1.951	有意である
C	2	−7.625	−2.53	−3.81				8		

$A_3 B_1 C_1 D_2 J_2 M_2$ の組み合わせである．

この水準組み合わせのときの特性値の平均値は，

$Y(A_3 B_1 C_1 D_2 J_2 M_2)$
$= 24.688 + 22.313 + 5.313 + 3.813 + 3.188 + 8.813 + 5.438 = 73.566$

である．

解析に用いた各サンプルの試験条件における特性値の推定値を計算したものが表2-65である．ここでの区間幅は95％信頼限界幅を示す．

（参考）直交表の性質（直交の意味）

割り付けで説明した$L_8(2^7)$直交表を表2-66に示す．ここでは主効果A, B, C, Dと交互作用効果$A \times B$と$C \times A$を割り付けた例である．(7)列には誤差の大きさを検出する割り付けにしてある．この直交表をよく見ると，どの列も1

2.8 ほとんど2水準因子なのだが,ひとつ3水準因子がある 〔擬水準〕

表2-65 各サンプルの母平均の推定値と残差

No.	実測値	推定値	残差	規準化残差	区間下限	区間上限	区間幅
1	5.00	10.19	−5.19	−0.86	0.36	20.01	9.83
2	39.00	37.44	1.56	0.26	27.61	47.26	9.83
3	22.00	20.44	1.56	0.26	10.61	30.26	9.83
4	8.00	5.94	2.06	0.34	−3.89	15.76	9.83
5	33.00	31.06	1.94	0.32	21.24	40.89	9.83
6	77.00	73.56	3.44	0.57	63.74	83.39	9.83
7	50.00	56.56	−6.56	−1.09	46.74	66.39	9.83
8	28.00	26.81	1.19	0.20	16.99	36.64	9.83
9	23.00	15.31	7.69	1.28	5.49	25.14	9.83
10	9.00	7.31	1.69	0.28	−2.51	17.14	9.83
11	15.00	11.56	3.44	0.57	1.74	21.39	9.83
12	36.00	32.31	3.69	0.61	22.49	42.14	9.83
13	5.00	7.69	−2.69	−0.45	−2.14	17.51	9.83
14	10.00	14.94	−4.94	−0.82	5.11	24.76	9.83
15	19.00	19.19	−0.19	−0.03	9.36	29.01	9.83
16	16.00	24.69	−8.69	−1.44	14.86	34.51	9.83

表2-66 $L_8(2^7)$ 直交表

	(1)	(2)	(3)	(4)	(5)	(6)	(7)	特性値
因子	B	A	$A \times B$	C	D	$C \times A$	誤差	強度
1	1	1	1	1	1	1	1	Y_1
2	1	1	1	2	2	2	2	Y_2
3	1	2	2	1	1	2	2	Y_3
4	1	2	2	2	2	1	1	Y_4
5	2	1	2	1	2	1	2	Y_5
6	2	1	2	2	1	2	1	Y_6
7	2	2	1	1	2	2	1	Y_7
8	2	2	1	2	1	1	2	Y_8

が4つ，2が4つずつあることがわかる．また，任意の列，例えば，(1)列の1は処理番号1，2，3，4である．この4つの処理番号の他の列，例えば，(2)列を見ると1が2つ，2が2つ出ている．(3)列を見ても1が2つ，2が2つ出ている．(4)列を見ても1が2つ，2が2つ出ている．どの列を見ても1が2つ，2が2つ出ている．すなわち，他の列に割り当てた因子の効果は同数の水準1の効果と水準2の効果と同じ数だけ入ったもの，言い換えれば，平均的な効果が入っているのである．もっとわかりやすく言うと，他の因子の効果はうち消されている．他の因子の影響を受けないようにできているということである．これが直交表の性質である．

3水準系の直交表は，他の列の1，2，3水準の数が同じ数だけ入っており，同様に他の因子の影響を受けないように作ってある．4水準系の直交表，5水準系の直交表も同様の構造になっている．

他の影響を受けないということを，別の観点から見てみよう．

この例では，(1)列に因子Bの主効果を割り当てている．第1水準のBの効果をβ_1，第2水準の効果をβ_2とする．本書の第1章でも説明したが，制約式として，$\beta_1 + \beta_2 = 0$とおいた．$\beta_2 = -\beta_1$となる．$\beta_1 = -1$とすると，$\beta_2 = 1$となる．これで直交表を書き換えると表2-67のようになる．これも同じL_8(2^7)直交表である．第1水準を0，第2水準を1と書いた直交表もある．いろいろな直交表の表現方法があることに注意すること．

ここで，任意の2つの列のかけ算をしてみる．代表として，(1)列と(2)列のかけ算と(5)列と(7)列のかけ算を示す．かけ算して合計を求めるとどちらも0になる．これは2つの列が独立であることを示す．別に言い方をすれば，2つのベクトルが直角に交わっていることを示す（2つのベクトルの内積が0の場合，2つのベクトルは直角に交わっている；公式）．

他のどの任意の列のかけ算を行っても，同じ結果である（表2-68）．これが，直交表の性質である．

3水準の場合は，第1水準，第2水準，第3水準に-1，0，1を入れて同様に計算すればわかる．各自，試みることを希望する．

2.8 ほとんど2水準因子なのだが，ひとつ3水準因子がある 〔擬水準〕

表2-67 $L_8(2^7)$ 直交表

	(1)	(2)	(3)	(4)	(5)	(6)	(7)	特性値
1	−1	−1	−1	−1	−1	−1	−1	Y_1
2	−1	−1	−1	1	1	1	1	Y_2
3	−1	1	1	−1	−1	1	1	Y_3
4	−1	1	1	1	1	−1	−1	Y_4
5	1	−1	1	−1	1	−1	1	Y_5
6	1	−1	1	1	−1	1	−1	Y_6
7	1	1	−1	−1	1	1	−1	Y_7
8	1	1	−1	1	−1	−1	1	Y_8

表2-68 任意の2つの列のかけ算

(1)	(2)	(1)×(2)	(5)	(7)	(5)×(7)
−1	−1	1	−1	−1	1
−1	−1	1	1	1	1
−1	1	−1	−1	1	−1
−1	1	−1	1	−1	−1
1	−1	−1	1	1	1
1	−1	−1	−1	−1	1
1	1	1	1	−1	−1
1	1	1	−1	1	−1
		0			0

(1)×(2)列も(5)×(7)列も内積が0である．すなわち，列(1)と列(2)，列(5)と列(7)は直交していることがわかる．

第3章　実験における応用例(既割り付け表以外の分析法)

3.1　応用例-1　新製品を開発したが，どのように評価するか

　先端製品開発部では，新たな製品M，N，Kを3種類開発した．従来のものと比較して，特性値Yが大きくなったか否かを調べたい．試作は，従来品も含めて4種類を4つずつ制作した．この中でどれがよいか,判断することにした．

　今回は既成の割り付け表が利用できないので，自分で解析のための水準表を作らねばならない．しかし，慣れればむずかしいことではない．表3-1，表3-2のデータをそのまま入力すればよい．すなわち,添付ソフトの元データシートに表3-3のようにデータを入力する．

　解析において繰り返しは入れる必要がないが，元のデータシートの値とのチェックのために役立つので，あえて繰り返し番号も入力した．因子名と4×4=16のデータを入力する．このとき，因子AはA_1，A_2…ではなく，水準を表す添字の部分を用は1，2，3，4と書き入れる．特性値はそのまま書き入れる．

　このデータで，解析変数として列1と列3を指定すると，解析元データが次のシートに抜き出され，計算が行われる．この段階で，求める合計水準数より

表3-1　データ表

水準	A_1	A_2	A_3	A_4
	従来品	新製品M	新製品N	新製品K
No.1	12.1	10.3	11.9	13.2
No.2	11.3	12.6	13.9	13.9
No.3	13.0	11.8	13.4	14.6
No.4	12.5	11.7	12.8	14.5

第3章 実験における応用例（既割り付け表以外の分析法）

表3-2 データ表 （水準番号のみを表記したもの）

	Aの水準	何個目	特性値Y		Aの水準	何個目	特性値Y
1	1	1	12.1	9	3	3	11.9
2	1	2	11.3	10	3	2	13.9
3	1	3	13.0	11	3	3	13.4
4	1	4	12.5	12	3	4	12.8
5	2	1	10.3	13	4	1	13.2
6	2	2	12.6	14	4	2	13.9
7	2	3	11.8	15	4	3	14.6
8	2	4	11.7	16	4	4	14.5
	要因A	繰返し			要因A	繰返し	

表3-3 元データ表

No.	変数-1	変数-2	変数-3	変数-4
因子名	A	繰り返し	特性値	
1	1	1	12.1	
2	1	2	11.3	
3	1	3	13.0	
4	1	4	12.5	
5	2	1	10.3	
6	2	2	12.6	
7	2	3	11.8	
8	2	4	11.7	
9	3	1	11.9	
10	3	2	13.9	
11	3	3	13.4	
12	3	4	12.8	
13	4	1	13.2	
14	4	2	13.9	
15	4	3	14.6	
16	4	4	14.5	

3.1 応用例-1 新製品を開発したが，どのように評価するか

もデータ数が少ないときや，水準間が独立でないときはエラー表示がされ，途中で異常終了する．このときは，実験のデータの採り方がおかしいことを示している．しかし，本書で説明するルール（規則）を守っている限りは発生しない．

（1） superDOE分析の結果

　最初に，回帰統計の値を見てみる（表3-4）．寄与率（決定係数）は，0.633 すなわち，63.3%（およそ全体の2/3）を説明できることがわかる．誤差の標準偏差は 0.804 である．

　また，表3-4の右側に分散分析表（表3-5）が示される．危険率5%で，新製品は従来品とは違うことを示している．

　次に，どの水準が一番よいのかをみる．分散分析表（表3-5）の下に，求められた水準毎の値と t 値および平方和・分散を示す（表3-6）．この表の係数，または，対比の欄より特性値が大きくなるのは，水準4（新製品K）であることがわかる．水準2（新製品M）は従来品より悪いこともわかる．

　この表から水準4を選んだとき，特性値は 12.72 + 1.33 = 14.05 の値になることが期待される．従来品は同様に，12.23 の値であることも確認できる．表

表3-4　回帰統計

重相関係数 R	0.796
寄与率 R^2	0.633
誤差の標準偏差	0.804
観測数	16
有効反復数	4.00

表3-5　分散分析表

	平方和	自由度	分散	分散比	検定有意 F
因子効果	13.387	3	4.462	6.903	3.490
誤差	7.757	12	0.646		($\alpha = 0.05$)
合計	21.144	15			

第3章 実験における応用例(既割り付け表以外の分析法)

表3-6 求められた水準ごとの値と t 値および平方和・分散

因子名	水準	係数	t 値	対比	対比の2乗	平方和	分散	F値	水準毎データ数
定数項	β_0	12.225	30.41	12.72					
A	1	0.000	0.00	−0.49	0.244	13.387	4.462	6.903	4
A	2	−0.625	−1.10	−1.12	1.252				4
A	3	0.775	1.36	0.28	0.079				4
A	4	1.825	3.21	1.33	1.772				4

の右半分にこの因子による特性値の動きが，誤差の6.903倍であることも同時に示す．これは，分散分析のF値と同じ値であることに気づくであろう．推定はこの表の定数項の行の対比12.72(これを全平均という)と欲しい水準，例えばA_3では0.28を足せばよい．

$$Y_{A3} = 12.72 + 0.28 = 13.00$$

が推定値である．

解析結果の次のシートに，4×4＝16のデータが解析結果に従った場合の推定値を示す(表3-7)．左から，データ番号，実測値，推定値，残差(実測値から推定値を引いたもの)と規準化残差(残差の標準偏差を1にしたもの)を示す．

この表より，推定値と一番ずれが大きいのは，水準2(新製品M)の1番目のデータ(データ番号5)であることがわかる．良いと判定した水準4(新製品K)は大きな残差ではなく，安定した結果であることが読みとれる．

以上を，総合すると，従来品(推定値12.23)とまじえた新製品3種類の中では，新製品Kがもっとも良く(推定値14.05)，次に新製品Nがよく(推定値13.00)，新製品Mは従来品よりも劣る(推定値11.60)ことが判明した．このような方法が従来の単純な比較と違うのは，データのばらつきを考慮した判定であることである．これにより，判定の確かさも数値で表すことができる点が優れている．従来の実験計画法では，今回のような因子が1つの場合の実験は，一元配置実験と呼んでいる．実験の基本形である．強調したいことは，それぞれ

表3-7　各データにおける推定値と実測値との残差（ずれ値）

No.	実測値	推定値	残差	規準化残差	区間下限	区間上限	区間幅
1	12.10	12.23	−0.13	−0.16	11.35	13.10	0.88
2	11.30	12.23	−0.93	−1.15	11.35	13.10	0.88
3	13.00	12.23	0.77	0.96	11.35	13.10	0.88
4	12.50	12.23	0.27	0.34	11.35	13.10	0.88
5	10.30	11.60	−1.30	−1.62	10.72	12.48	0.88
6	12.60	11.60	1.00	1.24	10.72	12.48	0.88
7	11.80	11.60	0.20	0.25	10.72	12.48	0.88
8	11.70	11.60	0.10	0.12	10.72	12.48	0.88
9	11.90	13.00	−1.10	−1.37	12.12	13.88	0.88
10	13.90	13.00	0.90	1.12	12.12	13.88	0.88
11	13.40	13.00	0.40	0.50	12.12	13.88	0.88
12	12.80	13.00	−0.20	−0.25	12.12	13.88	0.88
13	13.20	14.05	−0.85	−1.06	13.17	14.93	0.88
14	13.90	14.05	−0.15	−0.19	13.17	14.93	0.88
15	14.60	14.05	0.55	0.68	13.17	14.93	0.88
16	14.50	14.05	0.45	0.56	13.17	14.93	0.88

の水準において2個以上作成することである．これにより，誤差の大きさの評価や，判断の確度を言うことができるのである．現場では，各1つずつの試作を行うことがあるが，この場合はこの例のような評価ができないことに注意が必要である．

3.2　応用例-2　試作した新製品の数が違ってしまった

　それでは，次に先ほどの例で，4つずつ制作する予定であったが，使用する部品の不足や手違いで，できた数がバラバラの場合の解析の方法を示そう．前の例において，新製品Mが3つ，新製品Nが2つしか作れなかった．従来の実験計画法では解析に苦労する．

　実際の業務において，失敗したわけでもないが，部材の量的な制約や時間・

第3章 実験における応用例(既割り付け表以外の分析法)

金銭的制約などいろいろなケースが考えられ，よく発生することである．
　しかしながら，A_2 のNo.3のところには，A_2 水準の他の3つのデータの平均値11.5を入れ，A_3 のNo.3とNo.4のところには，A_3 水準の他の2つのデータの平均値12.9を入れて，例1のように解析しなさいというのが従来の解析法の勧める方法である．強引にやる以外に方法がないのである．しかも，解析の途中で，データ数が違うために補正を何回も行う必要がある．それが面倒な人は，無理矢理，繰り返しのデータ数がもっとも少ない水準の数に合わせて（本書の例ではすべて繰り返し2個），普通の解析を行う人も見かける．本書のsuperDOE分析では，そのような無理をしないで，あるがままに解いていく．下に元のデータ表1（表3-8）と行方向に展開したデータ表2（表3-9）を示す．

表3-8　データ表1

水準	A_1	A_2	A_3	A_4
	従来品	新製品M	新製品N	新製品K
No.1	12.1	10.3	11.9	13.2
No.2	11.3	12.6	13.9	13.9
No.3	13.0	×	×	14.6
No.4	12.5	11.7	×	14.5

（注）×は測定に失敗したデータの場所

表3-9　データ表2

	水準	No.	特性値			水準	No.	特性値
1	A_1	1	12.1		9	A_3	1	11.9
2	A_1	2	11.3		10	A_3	2	13.9
3	A_1	3	13.0		11	A_3	3	×
4	A_1	4	12.5		12	A_3	4	×
5	A_2	1	10.3		13	A_4	1	13.2
6	A_2	2	12.6		14	A_4	2	13.9
7	A_2	3	×		15	A_4	3	14.6
8	A_2	4	11.7		16	A_4	4	14.5

3.2 応用例-2 試作した新製品の数が違ってしまった

要因Aの水準番号のみを表記し，データの無い場所（欠測値）を詰めて書くと，"元データ表（欠測値を除いたもの）"のようになる（表3-10）．superDOE分析の元データ表には，このようにデータを入力する．解析には繰り返しの欄は不要であるが，本来のデータとの対比がしやすいので，説明のため入力した．

解析において，変数1と変数3を指定すればよいのは前の項と同じである．この変数を指定して，superDOE分析が行う．以下の結果が表示される（表3-11）．

これらの内容は本書2章の例と同じであるので，説明は省略する．重相関係数R，寄与率R^2とも少し小さくなっているが，あまり大きな差は出ていない．データ数が減ったことで，誤差の標準偏差も多少大きくなっている．

表3-10 元データ表（欠測値を除いたもの）

データ No.	変数-1	変数-2	変数-3
因子名	A	繰り返し	特性値
1	1	1	12.1
2	1	2	11.3
3	1	3	13.0
4	1	4	12.5
5	2	1	10.3
6	2	2	12.6
7	2	4	11.7
8	3	1	11.9
9	3	2	13.9
10	4	1	13.2
11	4	2	13.9
12	4	3	14.6
13	4	4	14.5

（注）欠測値が3つあったので，データ数は，16 - 3 = 13 となる．

表3-11 回帰統計

重相関係数 R	0.789
寄与率 R^2	0.623
誤差の標準偏差	0.912
観測数	13
有効反復数	3.250

第3章　実験における応用例(既割り付け表以外の分析法)

また，分散分析表の因子効果の誤差に対する分散比も，6.903から4.988に小さくなっているが，危険率5％で有意であり，結論は変わっていない(表3-12)．表3-13の右端のデータ数の欄をみるとAの各水準ごとのデータ数が表示されている．このデータ数を元にすべての結果が求められている．その下に，推定値を示す．

母平均の区間推定において，A_1水準：4個，A_2水準：3個，A_3水準：2個，A_4水準：4個であるため，推定時に用いるデータ数が違ってくる．このため，点推定では差がでないが，区間推定では値が違ってくる．表3-14より，A_1水準とA_4水準に較べて，A_3水準は区間推定の幅が1.4倍になる(データ数が半分のため)．

本書第2章のすべてのデータが揃った場合と，今回の欠測値がある場合の，各水準毎の効果(係数)について表3-15にて比較した．欠測値のない水準は同じ結果で，欠測値のある水準は少し値が違うが，ほとんど差がないともいえる．

表3-12　分散分析表

	平方和	自由度	分散	分散比	検定有意F
因子効果	12.344	3	4.115	4.948	3.863
誤差	7.484	9	0.832		
合計	19.828	12			

表3-13　求められた水準ごとの値とt値および平方和・分散

因子名	水準	係数	t値	対比	対比の2乗	平方和	分散	F値	データ数
定数項	β_0	12.225	26.81	12.731					
A	1	0.000	0.00	−0.506	0.256	12.34	4.11	4.95	4
A	2	−0.692	−0.99	−1.197	1.434				3
A	3	0.675	0.85	0.169	0.029				2
A	4	1.825	2.83	1.319	1.740				4

3.2 応用例-2 試作した新製品の数が違ってしまった

表3-14 各データにおける推定値と実測値との残差（ずれ値）

No.	実測値	推定値	残差	規準化残差	区間下限	区間上限	区間幅
1	12.10	12.23	−0.13	−0.14	11.19	13.26	1.03
2	11.30	12.23	−0.93	−1.01	11.19	13.26	1.03
3	13.00	12.23	0.77	0.85	11.19	13.26	1.03
4	12.50	12.23	0.27	0.30	11.19	13.26	1.03
5	10.30	11.53	−1.23	−1.35	10.34	12.72	1.19
6	12.60	11.53	1.07	1.17	10.34	12.72	1.19
7	11.70	11.53	0.17	0.18	10.34	12.72	1.19
8	11.90	12.90	−1.00	−1.10	11.44	14.36	1.46
9	13.90	12.90	1.00	1.10	11.44	14.36	1.46
10	13.20	14.05	−0.85	−0.93	13.02	15.08	1.03
11	13.90	14.05	−0.15	−0.16	13.02	15.08	1.03
12	14.60	14.05	0.55	0.60	13.02	15.08	1.03
13	14.50	14.05	0.45	0.49	13.02	15.08	1.03

表3-15 欠測値がある場合とない場合の係数の比較表

	A_1	A_2	A_3	A_4
全データあり	12.23	11.60	13.00	14.05
欠測値あり	12.23	11.53	12.90	14.05

（注）定数項(全平均)を加えて比較している．

結果として影響が出るのは，欠測値を生じた水準のみで，他の水準は影響されないことがこれからわかる．

欠測値が解析に与える影響に関しては，4.2項で追加解説する．

第3章　実験における応用例（既割り付け表以外の分析法）

3.3　応用例-3　検討すべき項目(因子)が2つ

　S電子部品の製造工程では，製造条件として，加工時の温度(因子A)と圧力(因子B)が特性Tに大きく影響すると考えられている．しかし，いままで定量的に確認していなかった．そこで，温度を50℃から10℃刻みで80℃まで4水準，圧力を2.0Paから0.1Pa刻みで2.4Paまで5水準について実験することにした．合計で，4×5＝20通りの組み合わせについて，ランダムに実験して以下のデータを得た．従来より言われているように温度，圧力は特性値Tに影響しているだろうか．しているとすれば，どれぐらい影響しているか．これについて，解析してみる(表3-16)．

　合計20種類の組み合わせに番号を○内につけた．例えば，②は温度は50℃でA_1，圧力は2.1PaでB_2である．⑮は温度は70℃でA_3，圧力は2.41PaでB_5である．この因子A, Bの水準番号と特性値を書き出すと，表3-17の元データ表が得られる．ランダムに実験するというのは①から⑳の水準組み合わせをランダムな順番で実験することをいう．

　番号の順番に実施すると，実験の慣れの効果や，計器が時間とともにずれていく，前の温度の影響が残っていたりした場合などの影響が徐々に混入してきて，後になるほど，特性値が全体的に良くなったり，悪くなったりしてしまう可能性がある．良い方向にずれていくと，この番号付けでは，A_3やA_4が良い

表3-16　AとBの二元配置実験

データ表		因子名	因子B				
		水準	B_1	B_2	B_3	B_4	B_5
因子名	水準	実水準	2.0Pa	2.1Pa	2.2Pa	2.3Pa	2.4Pa
因子A	A_1	50℃	① 9.0	② 9.3	③ 9.8	④ 10.2	⑤ 10.5
	A_2	60℃	⑥ 10.0	⑦ 10.1	⑧ 10.4	⑨ 10.6	⑩ 10.9
	A_3	70℃	⑪ 11.0	⑫ 11.8	⑬ 11.5	⑭ 12.0	⑮ 11.7
	A_4	80℃	⑯ 10.3	⑰ 10.7	⑱ 11.0	⑲ 11.3	⑳ 11.6

3.3 応用例-3 検討すべき項目(因子)が2つ

表3-17 元データ表

データNo. 因子名	変数-1 A	変数-2 B	実際の水準		変数-3 特性値
			Aの値	Bの値	
①	1	1	50℃	2.0Pa	9.0
②	1	2	50℃	2.1Pa	9.3
③	1	3	50℃	2.2Pa	9.8
④	1	4	50℃	2.3Pa	10.2
⑤	1	5	50℃	2.4Pa	10.5
⑥	2	1	60℃	2.0Pa	10.0
⑦	2	2	60℃	2.1Pa	10.1
⑧	2	3	60℃	2.2Pa	10.4
⑨	2	4	60℃	2.3Pa	10.6
⑩	2	5	60℃	2.4Pa	10.9
⑪	3	1	70℃	2.0Pa	11.0
⑫	3	2	70℃	2.1Pa	11.8
⑬	3	3	70℃	2.2Pa	11.5
⑭	3	4	70℃	2.3Pa	12.0
⑮	3	5	70℃	2.4Pa	11.7
⑯	4	1	80℃	2.0Pa	10.3
⑰	4	2	80℃	2.1Pa	10.7
⑱	4	3	80℃	2.2Pa	11.0
⑲	4	4	80℃	2.3Pa	11.3
⑳	4	5	80℃	2.4Pa	11.6

という結果を得てしまう．このように時間とともに変化するような効果を，特定の因子や水準に固まらないように，順番をランダムに実施するのである．確実な結果を得るために必要なことである．いろいろな実験においても基本的な事項である．

　この後のタイプの実験にも必要であるが，すべて，ランダマイズは顧慮されているものとする．再度の説明はしないが，ランダマイズの元での結果として見ること．

　温度と圧力の間に，交互作用がある場合は，同じ条件で2個以上のデータが

第3章　実験における応用例（既割り付け表以外の分析法）

必要である．

今回は従来の知見により交互作用効果はないと考えられたので，繰り返しは行わなかった．

【メモ】　交互作用；温度が50℃のとき圧力が2.4Paがよく，温度が70℃のとき圧力が2.1Paがよいというように，因子の片側の水準によりもう1つの因子の最適水準が変わるとき，交互作用があるという．前章2.4の例の$C \times D$二元表参照のこと．

データ表には水準数番号だけを入力し，解析に必要な変数を指定すると，解析ソフトが自動的に水準を展開し，解析を行う（superDOE分析が行われる）．

次のような結果が得られる（表3-18）．

解析結果：最初に回帰統計量が求められる．見方については，応用例1で説明したので省略する（このあとも，すべて省略）．

分散分析表は表3-19のようになる．全体（因子A，因子Bの両方の効果）としては，F値が35.889で5％有意の2.913に較べて大きな値が得られた．従来の知見どおり，因子A，因子Bは特性値Tに影響していることがわかった．

それでは，因子Aと因子Bはどちらが強く特性値Tに影響しているのかを見

表3-18　回帰統計

重相関係数R	0.977
寄与率R^2	0.954
誤差の標準偏差	0.222
観測数	20
有効反復数	2.50

表3-19　分散分析表

	平方和	自由度	分散	分散比	検定有意F
因子効果	12.393	7	1.770	35.889	2.913
誤差	0.592	12	0.049		（$\alpha = 0.05$）
合計	12.986	19			

る．

同じシートの下の部分にある"求められた水準毎の値とt値および平方和・分散"の表(表3-20)を見る．因子Aの水準1の行の右側の"平方和"，"分散"，"F値"に数値が表示されている．これらの数値が因子Aの特性値Tに影響している量である．特に"F値"を見ると，因子Aは62.876で因子Bは15.65でどちらも5%有意であることがわかる．危険率5%のF基準値は，$F(3, 12 ; 0.05) = 3.490$，$F(5, 12 ; 0.05) = 3.259$である．

次に，それでは温度(因子A)と圧力(因子B)はどの水準がよいかを見る．これは，対比の値が大きいものがよい(特性値が小さい方がよい場合は，対比の値がもっとも小さい条件がよい)．温度は70℃，圧力は2.4Paがもっともよいことがわかる．このときの母平均の推定値は，

$$Y_{A3B5} = 10.69 + 0.91 + 0.49 = 12.09$$

として求める．

本書のような解析の方法を知らない人は，元データの表3-17の12.0を示す条件がよいと考える．すなわち，温度が70℃，圧力が2.3Paがもっともよいと考える．この場合，

表3-20　求められた水準ごとの値とt値および平方和・分散

因子名	水準	係数	t値	対比	対比の2乗	平方和	分散	F値	データ数
定数項	β_0	9.150	65.14	10.69					
A	1	0.000	0.00	−0.92	0.856	9.305	3.102	62.875	5
A	2	0.640	4.56	−0.29	0.081				5
A	3	1.840	13.10	0.91	0.837				5
A	4	1.220	8.68	0.29	0.087				5
B	1	0.000	0.00	−0.61	0.372	3.088	0.772	15.649	4
B	2	0.400	2.55	−0.21	0.044				4
B	3	0.600	3.82	−0.01	0.000				4
B	4	0.950	6.05	0.34	0.116				4
B	5	1.100	7.00	0.49	0.240				4

第3章 実験における応用例（既割り付け表以外の分析法）

　　　　因子Bの効果差 = 0.49 - 0.34 = 0.15

分だけ低い条件を最適と考え，この条件で生産し続けることになる．長期にわたると，大きな機会損失を与え続けることになる．

　最後に，温度（因子A）と圧力（因子B）の条件毎の特性値がどのようになるかを推定してみたのが，表3-21である．この表では，いま説明した推定値を見ることと，合わせて，飛び抜けて大きな残差が発生していないかを見ることが必要である．もし，1つだけ大きな残差があれば，実験の状態に何か普段と変わったことが発生していなかったかをチェックすべきであるということを示している．

表3-21　各データにおける推定値と実測値との残差（ずれ値）

No.	実測値	推定値	残差	規準化残差
1	9.0	9.15	-0.15	-0.68
2	9.3	9.55	-0.25	-1.13
3	9.8	9.75	0.05	0.23
4	10.2	10.10	0.10	0.45
⋮	⋮	⋮	⋮	⋮
14	12.0	11.94	0.06	0.27
15	11.7	12.09	-0.39	-1.76
16	10.3	10.37	-0.07	-0.32
17	10.7	10.77	-0.07	-0.32
18	11.0	10.97	0.03	0.14
19	11.3	11.32	-0.02	-0.09
20	11.6	11.47	0.13	0.59

3.4　応用例-4　検討すべき2つ項目の組み合わせで効果が変わる（各々複数個のデータ）

　S電子部品の製造工程では，製造条件として，加工時の温度（因子A）と圧力（因子B）が特性Tに大きく影響すると考えられている．しかし，いままで定量的に確認していなかった．そこで，温度を50℃から10℃刻みで80℃まで4水準，圧力を2.0Paから0.1Pa刻みで2.4Paまで5水準について実験することにした．しかし，温度によって，よいと思われる圧力条件が変わるようである．このことも検出したい．このように組み合わせの相手によってよいと考える水準が変わることを，実験計画法の世界では交互作用効果と呼ぶ．この場合は，同一条件で2個以上のデータがなければ評価することができない．そこで，最小の繰り返しである2回ずつ処理を行った．したがって，処理数は，4×5×2＝40通りの組み合わせについて，ランダムに実験して以下のデータを得た．従来より言われているように温度，圧力は特性値Tに影響しているか．影響しているとすれば，どれぐらい影響しているか．これについて，解析してみる．
　以下に，測定結果を示す（表3-22）．この表から，superDOE分析用のデー

表3-22　AとBの二元配置実験のデータ表

データ表		因子名	因子B				
		水準	B_1	B_2	B_3	B_4	B_5
因子名	水準	実水準	2.0Pa	2.1Pa	2.2Pa	2.3Pa	2.4Pa
因子A	A_1	50℃	9.0 8.8	9.3 9.1	9.8 9.5	10.2 10.1	10.5 10.6
	A_2	60℃	10.0 9.7	10.1 10.2	10.4 10.6	10.6 10.9	10.9 11.0
	A_3	70℃	11.0 10.7	11.8 11.9	11.5 11.3	12.0 12.3	11.7 11.8
	A_4	80℃	10.3 10.6	10.7 10.3	11.0 11.4	11.3 11.0	11.6 11.2

第3章　実験における応用例(既割り付け表以外の分析法)

タ表をつくる．データは，1から40までできる(データ1個で1行)．変数列は3つ作る．因子Aの水準を指定する列が1列，因子Bの水準を指定する列が1列，因子Aと因子Bの組み合わせ水準を指定する列の，合計3列である．組み合わせ水準は，(因子Aの水準数×因子Bの水準数) = 4×5 = 20水準とする．水準番号は1から20までを付ける．付け方は任意でよい．例えば，$A_1 B_1$ = 1, $A_1 B_2$ = 2, $A_1 B_3$ = 3, $A_1 B_4$ = 4, $A_1 B_5$ = 5, $A_2 B_1$ = 6, $A_2 B_2$ = 7, $\cdots$, $A_4 B_4$ = 19, $A_4 B_5$ = 20というように付けるとよい．

このようにして，superDOE分析用の元データを以下のように作成する．解析には，用いないがデータ番号をわかりやすくするために，繰り返し番号も入れてある．実際の解析を行う場合は，変数1，変数2，変数4と変数5だけでよい．

表3-23に，superDOE分析用の元データを示す．表示が長くなるので，半分ずつ2列にした．実際は縦1列にしてある．

(注)　組合：組み合わせ効果，因子のこと

3.4 応用例-4 検討すべき2つ項目の組み合わせで効果が変わる(各々複数個のデータ)

表3-23 super DOE 分析用の元データ

No.	変数1 温度	変数2 圧力	変数3 繰返	変数4 組合	変数5 Y	No.	変数1 温度	変数2 圧力	変数3 繰返	変数4 組合	変数5 Y
1	1	1	1	1	9.0	21	3	1	1	11	11.0
2	1	1	2	1	8.8	22	3	1	2	11	10.7
3	1	2	1	2	9.3	23	3	2	1	12	11.8
4	1	2	2	2	9.1	24	3	2	2	12	11.9
5	1	3	1	3	9.8	25	3	3	1	13	11.5
6	1	3	2	3	9.5	26	3	3	2	13	11.3
7	1	4	1	4	10.2	27	3	4	1	14	12.0
8	1	4	2	4	10.1	28	3	4	2	14	12.3
9	1	5	1	5	10.5	29	3	5	1	15	11.7
10	1	5	2	5	10.6	30	3	5	2	15	11.8
11	2	1	1	6	10.0	31	4	1	1	16	10.3
12	2	1	2	6	9.7	32	4	1	2	16	10.6
13	2	2	1	7	10.1	33	4	2	1	17	10.7
14	2	2	2	7	10.2	34	4	2	2	17	10.3
15	2	3	1	8	10.4	35	4	3	1	18	11.0
16	2	3	2	8	10.6	36	4	3	2	18	11.4
17	2	4	1	9	10.6	37	4	4	1	19	11.3
18	2	4	2	9	10.9	38	4	4	2	19	11.0
19	2	5	1	10	10.9	39	4	5	1	20	11.6
20	2	5	2	10	11.0	40	4	5	2	20	11.2

(1) superDOE分析-1のデータおよび解析結果

第1回目の解析では,変数4と特性値である変数5で解析する(操作は,変数4,水準数20→変数99→変数5を指定する).この解析は,誤差の大きさを把握することと,組み合わせ作用効果を出す準備を行うことが目的である.

今回求められた因子効果は，

　　　因子効果
　　　＝因子Aの主効果＋因子Bの主効果＋因子Aと因子Bの交互作用効果
からなっている．

この因子効果を見ると（表3-24），今回の実験全体が誤差に対し，有意であるか否かの判定ができる．

分散分析表（表3-25）を見ると，F値が44.674ある．誤差の大きさに較べ，十分すぎる大きさであることがわかる．誤差の大きさは，0.033 である．

今回は，使わないが求められた水準毎の値とt値および平方和・分散を表3-26に示す．この表の対比の列の値を見ると，組合効果14（対比＝1.48），組合効果12（対比＝1.18）がよい値を示している．組合効果14は$A_3 B_4$，組合効果12は$A_3 B_2$の組み合わせである．

(2) superDOE分析-2のデータおよび解析結果

次に交互作用効果を求めるために，主効果Aと主効果Bを求める．superDOE分析-1の結果とsuperDOE分析-2の結果から交互作用効果を求め

表3-24　分析-1の回帰統計

重相関係数 R	0.988
寄与率 R^2	0.977
誤差の標準偏差	0.182
観測数	40
有効反復数	2.000

表3-25　分析-1の分散分析表

	平方和	自由度	分散	分散比	検定有意 F
因子効果	28.223	19	1.485	44.674	2.137
誤差	0.665	20	0.033		$\alpha = 0.05$
合計	28.888	39			

3.4 応用例-4 検討すべき2つ項目の組み合わせで効果が変わる(各々複数個のデータ)

表3-26 求められた水準ごとの値とt値および平方和・分散

因子名	水準	係数	t値	対比	平方和	分散	F値	データ数	F(0.05)	判定
定数項	β_0	8.900	69.03	10.67						
組み合わせ作用効果	1	−0.000	−0.00	−1.77	28.22	1.49	44.67	2	2.137	有意である
	2	0.300	1.65	−1.47				2		
	3	0.750	4.11	−1.02				2		
	4	1.250	6.86	−0.52				2		
	5	1.650	9.05	−0.12				2		
	6	0.950	5.21	−0.82				2		
	7	1.250	6.86	−0.52				2		
	8	1.600	8.77	−0.17				2		
	9	1.850	10.15	0.08				2		
	10	2.050	11.24	0.28				2		
	11	1.950	10.69	0.18				2		
	12	2.950	16.18	1.18				2		
	13	2.500	13.71	0.73				2		
	14	3.250	17.82	1.48				2		
	15	2.850	15.63	1.08				2		
	16	1.550	8.50	−0.22				2		
	17	1.600	8.77	−0.17				2		
	18	2.300	12.61	0.53				2		
	19	2.250	12.34	0.48				2		
	20	2.500	13.71	0.73				2		

ることができる.両者の関係は表3-27のようになっている.

第2回目の解析では,変数1と変数2と特性値である変数5で解析する(操作は,変数1,水準数4→変数2,水準数5→変数99→変数5を指定する,表3-28).

今回の解析は,因子Aの主効果と因子Bの主効果の大きさと把握すること

第3章　実験における応用例（既割り付け表以外の分析法）

表3-27　平方和の出方

	分析-1	分析-2	使用する値
因子A	因子の平方和	因子A	分析-2の結果
因子B		因子B	分析-2の結果
A×B		残差2	（分析-1）−（分析-2）
誤差	残差1		分析-1の結果

表3-28　解析用データ表-2

因子名	触媒	触媒	触媒	触媒	反応時間	反応時間	反応時間	反応時間	反応時間	特性値
水準名	1	2	3	4	1	2	3	4	5	Y
1	1	0	0	0	1	0	0	0	0	9.0
2	1	0	0	0	1	0	0	0	0	8.8
3	1	0	0	0	0	1	0	0	0	9.3
4	1	0	0	0	0	1	0	0	0	9.1
5	1	0	0	0	0	0	1	0	0	9.8
6	1	0	0	0	0	0	1	0	0	9.5
7	1	0	0	0	0	0	0	1	0	10.2
8	1	0	0	0	0	0	0	1	0	10.1
9	1	0	0	0	0	0	0	0	1	10.5
10	1	0	0	0	0	0	0	0	1	10.6
11	0	1	0	0	1	0	0	0	0	10.0
12	0	1	0	0	1	0	0	0	0	9.7
13	0	1	0	0	0	1	0	0	0	10.1
14	0	1	0	0	0	1	0	0	0	10.2
⋮	⋮	⋮	⋮	⋮	⋮	⋮	⋮	⋮	⋮	⋮
37	0	0	0	1	0	0	0	1	0	11.3
38	0	0	0	1	0	0	0	1	0	11.0
39	0	0	0	1	0	0	0	0	1	11.6
40	0	0	0	1	0	0	0	0	1	11.2

3.4 応用例-4 検討すべき2つ項目の組み合わせで効果が変わる(各々複数個のデータ)

が目的である.その後,superDOE分析-1の因子効果と今回の因子Aの主効果と因子Bの主効果とから,本来の交互作用効果を出す(表3-29,表3-30).

  交互作用効果
  =(superDOE分析-1の因子効果)-因子Aの主効果-因子Bの主効果

この分散分析表の誤差は,本来の誤差(superDOE分析-1の誤差)に交互作用効果が混ざったものであるので,使わない.superDOE分析-2では,因子Aと因子Bの主効果を見る.因子Aである触媒の効果は,分散が6.504でF値が88.919で5%有意.因子Bである反応時間の効果は,分散が1.759でF値が24.051で5%有意である.ともに有意であることがわかる(表3-31).そこで,

  交互作用効果
  =(superDOE分析-1の因子効果)-因子Aの主効果-因子Bの主効果

より,

    交互作用の平方和 = 28.223 - 19.511 - 7.037 = 1.675
    交互作用の自由度 = 19 - 3 - 4 = 12
    交互作用の分散 = 1.675 / 12 = 0.140
    交互作用のF値 = 0.140 / 0.033 = 4.230

表3-29 分析-2の回帰統計

重相関係数 R	0.959
寄与率 R^2	0.919
誤差の標準偏差	0.270
観測数	40
有効反復数	5.000

表3-30 分析-2の分散分析表

	平方和	自由度	分散	分散比	検定有意 F
因子効果	26.547	7	3.792	51.852	2.313
誤差	2.340	32	0.073		$\alpha = 0.05$
合計	28.888	39			

第3章　実験における応用例（既割り付け表以外の分析法）

表3-31　求められた水準ごとの値と t 値および平方和・分散と検定

因子名	水準	係数	t値	対比	対比2乗	平方和	分散	F値	データ数	$F(0.05)$	有意判定
定数項	β_0	9.035	74.70	10.668							
A	1	-0.000	-0.00	-0.978	0.96	19.511	6.504	88.919	10	2.901	有意である
A	2	0.750	6.20	-0.227	0.05				10		
A	3	1.910	15.79	0.933	0.87				10		
A	4	1.250	10.34	0.273	0.07				10		
B	1	-0.000	-0.00	-0.655	0.43	7.037	1.759	24.051	8	2.668	有意である
B	2	0.413	3.05	-0.242	0.06				8		
B	3	0.675	4.99	0.020	0.00				8		
B	4	1.038	7.67	0.38	0.15				8		

　検定の F（交互作用の自由度，誤差の自由度；α）

　　$= F(12, 20 ; 0.05) = 2.28$

以上より，

　　交互作用の F 値 $= 4.230 > F(12, 20 ; 0.05) = 2.28$

であるので，交互作用効果は無視することができない．
全体的な分散分析表を作成する（表3-32）．

　この分散分析表の作るための手順を示す．

分析手順1：superDOE分析-2の結果より，因子Aと因子Bの平方和，自由度（水準数-1）と分散の値を写す．

表3-32　分散分析表

	平方和	自由度	分散	分散比：F値	検定有意F
因子A	19.511	3	6.504	197.09	3.10
因子B	7.037	4	1.759	53.30	2.87
交互作用$A \times B$	1.675	12	0.140	4.230	2.28
誤差	0.665	20	0.033		$\alpha = 0.05$
合計	28.888	39			

　（注）　$F(3, 20 ; 0.05) = 3.10$，$F(4, 20 ; 0.05) = 2.87$，$F(12, 20 ; 0.05) = 2.28$

3.4 応用例-4 検討すべき2つ項目の組み合わせで効果が変わる(各々複数個のデータ)

分析手順2:superDOE分析-1とsuperDOE分析-2の結果より求めた,交互作用$A \times B$の平方和,自由度(水準数-1)と分散の値を写す.

分析手順3:superDOE分析-1の結果より求めた誤差の平方和,自由度(水準数-1)と分散の値を写す.

分析手順4:各効果の分散を誤差分散で割る.これが分散比:F値である.

分析手順5:それぞれの検定統計量を求める.

検定統計量→検定のF(検定対象の因子の自由度,誤差の自由度;α)

因子Aは,F(因子Aの自由度,誤差の自由度;α) = F(3, 20;0.05) = 3.10

因子Bは,F(因子Aの自由度,誤差の自由度;α) = F(4, 20;0.05) = 2.87

交互作用は,F(交互作用の自由度,誤差の自由度;α)

= F(12, 20;0.05) = 2.28

分析手順6:検定

① 分散比(F値)≧検定のF値 ならば,有意である.すなわち,因子の効果は誤差の大きさに比べ,十分大きく,特性値に影響を与えていると考えてよいことを示している.

② 分散比(F値)<検定のF値 ならば,有意でない.すなわち,因子の効果は誤差の大きさに比べ,十分大きくなく,特性値に影響を与えているとは言えないと(特性値に影響を与えていない)考えることを示している.

以上が,総合的な分散分析表の作り方と,検定の方法である.最後に,解析結果に従って,4×5 = 20の組み合わせ条件ごとの値を推定する.

ここでは,推定値の表がsuperDOE分析-1の結果とsuperDOE分析-2の結果の2つがある(表3-33).総合の分散分析の結果によって,用いる表が違うので注意が必要である.

最後に,各サンプル条件における母平均の推定値を示す(表3-34).信頼度は95%で求めたものである.

今回は,交互作用効果が有意であったので,superDOE分析-1の結果を用いればよい.

第 3 章　実験における応用例(既割り付け表以外の分析法)

表 3-33　交互作用効果の検定結果と使用する分散分析表

| 1 | 交互作用効果が検定で有意である | superDOE 分析-1 の結果 |
| 2 | 交互作用効果が検定で有意でない | superDOE 分析-2 の結果 |

表 3-34　各データにおける推定値と実測値との残差(ずれ値)

No.	実測値	推定値	残差	規準化残差	区間下限	区間上限	区間幅
1	9.0	8.90	0.10	0.55	8.63	9.17	0.27
2	8.8	8.90	−0.10	−0.55	8.63	9.17	0.27
3	9.3	9.20	0.10	0.55	8.93	9.47	0.27
4	9.1	9.20	−0.10	−0.55	8.93	9.47	0.27
5	9.8	9.65	0.15	0.82	9.38	9.92	0.27
6	9.5	9.65	−0.15	−0.82	9.38	9.92	0.27
7	10.2	10.15	0.05	0.27	9.88	10.42	0.27
8	10.1	10.15	−0.05	−0.27	9.88	10.42	0.27
9	10.5	10.55	−0.05	−0.27	10.28	10.82	0.27
10	10.6	10.55	0.05	0.27	10.28	10.82	0.27
11	10.0	9.85	0.15	0.82	9.58	10.12	0.27
12	9.7	9.85	−0.15	−0.82	9.58	10.12	0.27
13	10.1	10.15	−0.05	−0.27	9.88	10.42	0.27
⋮	⋮	⋮	⋮	⋮	⋮	⋮	⋮
38	11.0	11.150	−0.1500	−0.8226	10.88	11.42	0.27
39	11.6	11.400	0.2000	1.0968	11.13	11.67	0.27
40	11.2	11.400	−0.2000	−1.0968	11.13	11.67	0.27

(注)　交互作用効果が有意でなく，主効果 A も有意でなかった場合

　本書第 3 章の例では，因子 A，因子 B と因子 A・因子 B の交互作用有意であったが，交互作用効果と主効果 A が有意でなかった場合は，superDOE 分析-3 を行う．

　有意であったのが因子 B だけであるので，変数は 2 と特性値の 5 を指定する．表 3-35 にその結果を示す．解析用データ表は因子 B(反応時間)の 5 水準

3.4 応用例-4 検討すべき2つ項目の組み合わせで効果が変わる(各々複数個のデータ)

分と特性値よりなる．

表3-36～表3-38は，superDOE分析結果であるが，今回は有意である因子Aと交互作用を無理矢理，誤差として解析したので，回帰統計，分散分析表とも危険率5％で有意である．

この表より，因子B（反応時間）の5水準の中では，水準5の対比が0.50で1番大きい値を示す．すなわち，特性値の母平均の推定値は，11.113+0.50 = 11.163である．

番号順に表示するとわかりにくいので，Bの水準の順番に並べ替えたものを表3-39に示す．推定値は，B_1からB_5までの5種類しかないことがわかる．

表3-35 解析用データ表-3

因子名	反応時間	反応時間	反応時間	反応時間	反応時間	特性値
水準名	1	2	3	4	5	Y
1	1	0	0	0	0	9.0
2	1	0	0	0	0	8.8
3	0	1	0	0	0	9.3
4	0	1	0	0	0	9.1
5	0	0	1	0	0	9.8
6	0	0	1	0	0	9.5
⋮	⋮	⋮	⋮	⋮	⋮	⋮
30	0	0	0	0	1	11.8
31	1	0	0	0	0	10.3
32	1	0	0	0	0	10.6
33	0	1	0	0	0	10.7
34	0	1	0	0	0	10.3
35	0	0	1	0	0	11.0
36	0	0	1	0	0	11.4
37	0	0	0	1	0	11.3
38	0	0	0	1	0	11.0
39	0	0	0	0	1	11.6
40	0	0	0	0	1	11.2

第3章 実験における応用例(既割り付け表以外の分析法)

表3-36　回帰統計

重相関係数 R	0.494
寄与率 R^2	0.244
誤差の標準偏差	0.790
観測数	40
有効反復数	8.000

表3-37　分散分析表

	平方和	自由度	分散	分散比	検定有意 F
因子効果	7.037	4	1.759	2.818	2.641
誤差	21.851	35	0.624		α =0.05
合計	28.888	39			

表3-38　求められた水準ごとの値と t 値および平方和・分散と検定

因子名	水準	係数	t 値	対比	平方和	分散	F 値	データ数	$F(0.05)$	判定
定数項	β_0	10.013	35.84	10.67						
反応時間	1	−0.000	−0.00	−0.66	7.04	1.76	2.82	8	2.641	有意である
反応時間	2	0.412	1.04	−0.24				8		
反応時間	3	0.675	1.71	0.02				8		
反応時間	4	1.038	2.63	0.38				8		
反応時間	5	1.150	2.91	0.50				8		

　同様に，因子 A のみが有意になったときは，変数1のみを指定してsuper DOE分析を行えばよい．ただし，因子 A ，因子 B の両方，もしくは，片方が有意にならなくても，交互作用 $A \times B$ が有意になれば，因子 A ，因子 B も有意になったとして解析する．

表 3-39　各データにおける推定値と実測値との残差（ずれ値）

No.	実測値	推定値	残差	規準化残差	区間下限	区間上限	区間幅
1	9.00	10.01	−1.01	−1.28	9.45	10.58	0.57
2	8.80	10.01	−1.21	−1.53	9.45	10.58	0.57
3	10.00	10.01	−0.01	−0.02	9.45	10.58	0.57
4	9.70	10.01	−0.31	−0.40	9.45	10.58	0.57
5	11.00	10.01	0.99	1.25	9.45	10.58	0.57
6	10.70	10.01	0.69	0.87	9.45	10.58	0.57
7	10.30	10.01	0.29	0.36	9.45	10.58	0.57
8	10.60	10.01	0.59	0.74	9.45	10.58	0.57
⋮	⋮	⋮	⋮	⋮	⋮	⋮	⋮
39	11.60	11.16	0.44	0.55	10.60	11.73	0.57
40	11.20	11.16	0.04	0.05	10.60	11.73	0.57

3.5　応用例-5　ばらつきの大きさも同時に検出したい(混合模型)

　S電子部品の製造工程では，製造条件として，加工時の温度(因子A)が特性値Tに大きく影響すると考えられている．しかし，いままで定量的に確認していなかった．そこで，温度を50℃から10℃刻みで80℃まで4水準変えて，実験することにした．

　しかし，現場から，材料ロットによって特性値Tが変わるようだという報告が入ってきた．

　加工時の温度の影響を調べるにあたって，材料ロット(因子B)の影響も同時に調べることにした．材料ロット(因子B)は5ロット採取し，実験した．合計で，4×5＝20通りの組み合わせについて，ランダムに実験して表3-40のデータを得た．従来より言われているように温度，材料ロットは特性値Tに影響しているだろうか．しているとすれば，どれぐらい影響しているだろう．データ

第3章　実験における応用例（既割り付け表以外の分析法）

表3-40　AとBの二元配置実験

データ表		因子名	因子B				
		水準	B_1	B_2	B_3	B_4	B_5
因子名	水準	実水準	ロット1	ロット2	ロット3	ロット4	ロット5
因子A	A_1	50℃	9.0	9.3	9.8	10.2	10.5
	A_2	60℃	10.0	10.1	10.4	10.6	10.9
	A_3	70℃	11.0	11.8	11.5	12.0	11.7
	A_4	80℃	10.3	10.7	11.0	11.3	11.6

表は本書の4章とまったく同じとして解析してみる．

データ表の形が同じであるので，解析に必要とする元データ表（表3-41）も同じである．

先ほどと違うのはどこだろう．前の例では因子Bは圧力であったので，この圧力が良いというように指定することができた．しかし，今回，因子Bは材料ロットである．解析の結果，4番目の材料ロットが一番良かったので，これからもずっと4番目の材料ロットを使い続けるということはできない．材料ロットの情報からわれわれが得るのは，材料ロットが変わることによって特性値Tがこれくらい変化するということである．長い目で見ると，特性値がバラツクということになる．このバラツキを定量的に把握することが必要である．特性値Tのバラツキが，材料ロットによる部分がこれだけ，本来のバラツキがこれだけというように，バラツキの中味を原因別にわけるのである．この結果，材料ロットによる部分が無視できないくらいの大きさであれば，固有技術的に考えて，原因は何かを追求すればよい．この原因がわからない間は，両方のバラツキをあわせたものがわが社の製造能力である．研究開発を担当している人は，往々にしてこのバラツキを無視して製品化することが多い．新製品立ち上げ時に，不適合が多発するのは，現実のバラツキの大きさではなく，ロットなどによるバラツキが抜け落ちたものであることに起因することが非常に多い．このように，水準を指定できなくて，バラツキの大きさを把握するために取り上げ

3.5 応用例-5 ばらつきの大きさも同時に検出したい(混合模型)

表3-41 元データ表

データ No.	変数-1	変数-2	変数-3
因子名	A	B	特性値
1	1	1	9.0
2	1	2	9.3
3	1	3	9.8
4	1	4	10.2
5	1	5	10.5
6	2	1	10.0
7	2	2	10.1
8	2	3	10.4
9	2	4	10.6
10	2	5	10.9
11	3	1	11.0
12	3	2	11.8
13	3	3	11.5
14	3	4	12.0
15	3	5	11.7
16	4	1	10.3
17	4	2	10.7
18	4	3	11.0
19	4	4	11.3
20	4	5	11.6

る因子を変量因子という.変量因子は次の性質を仮定することが多い.

$$\sum \beta_j = 0 \quad \text{ではなく} \quad \beta_j \in N(0, \sigma_B^2)$$

というように,バラツキとして定義する(制約式).これに対し,水準を指定できる因子Aは母数因子ということもある.この章の例は,因子Aが母数因子で,因子Bが変量因子である.このような実験を混合模型という.

データの構造式は,

第3章　実験における応用例(既割り付け表以外の分析法)

$$Y_{ij} = \mu + \alpha_i + \beta_j + e_{ij}$$

ただし，$\alpha_1 + \alpha_2 + \alpha_3 + \alpha_4 = 0 \quad \beta_j \in N(0, \sigma_B^2)$

である．展開したデータの構造式は，

$$Y_{ij} = \mu + \alpha_1 + \alpha_2 + \alpha_3 + \alpha_4 + \beta_j + e_{ij}$$

ただし，$\alpha_1 + \alpha_2 + \alpha_3 + \alpha_4 = 0 \quad \beta_j \in N(0, \sigma_B^2)$

となる．

　解析にあたって，本書第2章と同じように変数1と変数2を指定する．結果もまったく同じように出てくる．次に解析に移る(DOE分析のボタンを押す)．表3-42のような結果が得られる．

解析結果：

　分散分析表は表3-43のようになる．全体(因子A，因子Bの両方の効果)としては，F値が35.889で5％有意の2.913に比べて大きな値が得られた．従来の知見どおり，因子A，因子Bは特性値Tに影響していることがわかった．

　それでは，因子Aと因子Bはどちらが強く特性値Tに影響しているのかを見てみる．因子Aの特性値Tに影響している"F値"を見ると，62.875で5％有意

表3-42　回帰統計

重相関係数R	0.977
寄与率R^2	0.954
誤差の標準偏差	0.222
観測数	20
有効繰り返し数	2.5

表3-43　分散分析表

	平方和	自由度	分散	分散比	検定有意F
因子効果	12.393	7	1.770	35.889	2.913
誤差	0.592	12	0.049		
合計	12.986	19			

3.5 応用例-5 ばらつきの大きさも同時に検出したい(混合模型)

である.また,因子 B の水準1の行の右側の"平方和","分散","F 値"を見てみると,F 値 $= 15.65$ で,これも5%有意である.以上の結果から,因子 A,因子 B 共,特性値 T に影響しているのがわかる.影響があると言ってよい確信の度合いは,F 値の大きい因子 A の方が因子 B より大きい.

次に,それでは温度(因子 A)はどの値が良いのだろう.これは,表3-44の対比の値が大きい A_3 が良いのである(特性値が小さい方が良い場合は,対比の値がもっとも小さい条件がよい).実際の水準値は,温度は 70℃ であることがわかる.

最後に,温度(因子 A)条件ごとの特性値がどのようになるかを推定してみる.今回は因子 B が変量因子であるので,解析をやり直す.今度は因子 B を変数として指定しないで,因子 A のみとして superDOE 分析するのである.そのように解析すると,表3-45の分散分析表が得られる.ここで,誤差分散は 0.230 ($= 0.480^2$) である.先ほど,因子 A, B で解析したときは,0.049 ($= 0.221^2$) であった.誤差の分散(ばらつき)は約5倍になっていることがわかる.

表3-44 求められた水準ごとの値と t 値および平方和・分散

因子名	水準	係数	t 値	対比	対比の2乗	平方和	分散	F 値	データ数
定数項	β_0	9.150	65.14	15.90					
A	1	0.000	0.00	-0.92	0.856	9.305	3.102	62.875	5
A	2	0.640	4.56	-0.29	0.081				5
A	3	1.840	13.10	0.91	0.837				5
A	4	1.220	8.68	0.29	0.087				5
B	1	0.000	0.00	-0.61	0.372	3.09	0.77	15.65	4
B	2	0.400	2.55	-0.21	0.044				4
B	3	0.600	3.82	-0.01	0.000				4
B	4	0.950	6.05	0.34	0.116				4
B	5	1.100	7.00	0.49	0.240				4

第3章 実験における応用例(既割り付け表以外の分析法)

従来の実験計画法による分散の合成:

材料ロットによる分散と純粋誤差による分散を合成するには,次のように行う.分散の期待値という概念が必要となる(従来の実験計画法がむずかしく感じる箇所の1つ).因子Bの分散 0.772 は,$\sigma_e^2 + 4\sigma_B^2$ からなっている.また,誤差分散は σ_e^2 である.

σ_e^2 の推定値が 0.0449 であるので,$0.772 = 0.049 + 4 \times \sigma_B^2$ となる.これより,σ_B^2 を求めると,

$$\sigma_B^2 = (0.770 - 0.049)/4 = 0.1808$$

となる.ここで,A_3 の母平均の推定を行う.

$$Y_{ij} = \mu + \alpha_i + \beta_j + e_{ij}$$

ただし,

$$\alpha_1 + \alpha_2 + \alpha_3 + \alpha_4 = 0 \qquad \beta_j \in N(0, \sigma_B^2)$$

に A_3 条件を入れると,

$$Y_{30} - \mu + \alpha_3 + \beta. + e_{30}$$

である.このときのばらつきの推定値は

$$\sigma^2\left(\bar{Y}_{A3}\right) = \sigma^2\left(\bar{\beta}_{gc} + \bar{e}_{30}\right) = \frac{1}{5}(0.1808 + 0.049) = 0.04592$$

となる.特性値の母平均は,平均値を求めるときに用いたデータ数分の1になる(元の分散が σ^2 のとき,平均値の分散は σ^2/n になる).

もとの分散だけみてみると,$0.1808 + 0.049 = 0.2298$ で,因子Aのみで行った分析における誤差分散と四捨五入の範囲で合っていることがわかる(表3-45).分散の合成がわかりにくい人は,変量因子を変数の指定から外して,解

表3-45 因子Aのみで解析した分散分析表

	平方和	自由度	分散	分散比	検定有意F
因子効果	9.305	3	3.102	13.486	3.239
誤差	3.680	16	0.230		
合計	12.986	19			

3.5 応用例-5 ばらつきの大きさも同時に検出したい(混合模型)

析し直すと同じ結果が得られる．手計算で解析するときは計算がめんどうであるが，本書に添付のsuperDOE分析であれば1分もかからない．

因子Aのみで解析したとき，すなわち，因子B(材料ロット)のバラツキを考慮した場合の推定値と実測値と残差を示す(表3-46)．

この表では，いま説明した推定値を見ることと，合わせて，飛び抜けて大きな残差が発生していないかを見ることが必要である．もし，1つだけ大きな残差があれば，実験の状態に何か普段と変わったことが発生していなかったかをチェックすべきである．

表3-46 各データにおける推定値と実測値との残差(ずれ値)…因子Aのみ

No.	実測値	推定値	残差	規準化残差
1	9.0	9.76	−0.76	−1.58
2	9.3	9.76	−0.46	−0.96
3	9.8	9.76	0.04	0.08
4	10.2	9.76	0.44	0.92
5	10.5	9.76	0.74	1.54
6	10.0	10.40	−0.40	−0.83
7	10.1	10.40	−0.30	−0.63
8	10.4	10.40	0.00	0.00
9	10.6	10.40	0.20	0.42
10	10.9	10.40	0.50	1.04
11	11.0	11.60	−0.60	−1.25
12	11.8	11.60	0.20	0.42
13	11.5	11.60	−0.10	−0.21
14	12.0	11.60	0.40	0.83
15	11.7	11.60	0.10	0.21
16	10.3	10.98	−0.68	−1.42
17	10.7	10.98	−0.28	−0.58
18	11.0	10.98	0.02	0.04
19	11.3	10.98	0.32	0.67
20	11.6	10.98	0.62	1.29

第4章　superDOE分析利用上の注意点

4.1　交互作用の検出（直交表と直交表以外の実験配置において）

「3.4 応用例-4」で述べたように，組み合わせによって決まる効果を交互作用という．そのデータを再掲する（表4-1）．割り付け表として直交表を用いない場合，superDOE分析を行うとき，解析対象変数として因子A，因子Bと交互作用$A \times B$を同時に指定すると，4.3節のように"多重共線性があります"と表示され，異常終了する．このままでは解析できない．このような場合，次に示す方法でsuperDOE分析を行うと解析できる．その方法について説明する．

表4-1　AとBの二元配置実験のデータ表　（再掲）

データ表			因子B（圧力）				
	因子名		B_1	B_2	B_3	B_4	B_5
因子名	水準	実水準	2.0Pa	2.1Pa	2.2Pa	2.3Pa	2.4Pa
因子A（温度）	A_1	50℃	9.0 8.8	9.3 9.1	9.8 9.5	10.2 10.1	10.5 10.6
	A_2	60℃	10.0 9.7	10.1 10.2	10.4 10.6	10.6 10.9	10.9 11.0
	A_3	70℃	11.0 10.7	11.8 11.9	11.5 11.3	12.0 12.3	11.7 11.8
	A_4	80℃	10.3 10.6	10.7 10.3	11.0 11.4	11.3 11.0	11.6 11.2

第4章　superDOE分析利用上の注意点

（1）　superDOE分析-1のデータおよび解析結果

まず最初は，組み合わせ項だけを指定してsuperDOE分析を行う．superDOE分析-1では，因子A = 4水準と因子B = 5水準の組み合わせ因子AB = 4×5 = 20水準を対象に解析した（表4-2）．

この解析用データ表は自動では表示されない．解析終了後，"解析対象データ・基本統計量シート"のタグを選択すると見ることができる．superDOE分析-1の目的は，今回の実験誤差の大きさを定量的に求めることである．すなわち，因子A，因子Bと交互作用$A×B$の合計としての効果が意味があるか否かを見る（検定）ことである．分析の結果，分散分析表（表4-3）より，この組み合わせ効果は有意水準5％で有意であることが判明した．また，誤差分散より，誤差の大きさは $0.033 = (0.182)^2$ であることがわかる．

表4-2　解析用データ表-1

因子名	組合効果1	組合効果2	組合効果3	組合効果4	組合効果5	組合効果6	組合効果7	組合効果8	組合効果9	組合効果10	組合効果11	組合効果12	組合効果13	組合効果14	組合効果15	組合効果16	組合効果17	組合効果18	組合効果19	組合効果20	特性値
水準名	1	2	3	4	5	6	7	8	9	10	11	12	13	14	15	16	17	18	19	20	Y
1	1	0	0	0	0	0	0	0	0	0	0	0	0	0	0	0	0	0	0	0	9
2	1	0	0	0	0	0	0	0	0	0	0	0	0	0	0	0	0	0	0	0	8.8
3	0	1	0	0	0	0	0	0	0	0	0	0	0	0	0	0	0	0	0	0	9.3
4	0	1	0	0	0	0	0	0	0	0	0	0	0	0	0	0	0	0	0	0	9.1
5	0	0	1	0	0	0	0	0	0	0	0	0	0	0	0	0	0	0	0	0	9.8
6	0	0	1	0	0	0	0	0	0	0	0	0	0	0	0	0	0	0	0	0	9.5
7	0	0	0	1	0	0	0	0	0	0	0	0	0	0	0	0	0	0	0	0	10.2
⋮	⋮	⋮	⋮	⋮	⋮	⋮	⋮	⋮	⋮	⋮	⋮	⋮	⋮	⋮	⋮	⋮	⋮	⋮	⋮	⋮	⋮
38	0	0	0	0	0	0	0	0	0	0	0	0	0	0	0	0	0	1	0	0	11
39	0	0	0	0	0	0	0	0	0	0	0	0	0	0	0	0	0	0	1	0	11.6
40	0	0	0	0	0	0	0	0	0	0	0	0	0	0	0	0	0	0	0	1	11.2

4.1 交互作用の検出（直交表と直交表以外の実験配置において）

表4-3　分散分析表

	平方和	自由度	分散	分散比	検定有意F
因子効果	28.223	19	1.485	44.674	2.137
誤差	0.665	20	0.033		$\alpha = 0.05$
合計	28.888	39			

（注）　交互作用効果を求めるための組み合わせ水準の作り方

　従来の実験計画法では，手計算であるため，計算を簡単にするため，いろいろな制約式を最初に置き解析していた．この制約式を自分で作ろうとすると，実験計画法の構造式について解説しなければならない．すなわち，従来の実験計画法を1から勉強することが必要となる．superDOE分析はデータ表を作れば解析に要する時間は1分もかからない．いくつもある制約式の1つ目を考えようとし始めたときにはsuperDOE分析は終了している．以上の理由より，制約式はsuperDOE分析では用いない．

　代わりに，組み合わせ条件を用いる．これは非常に簡単な方法である．片方の水準数を a 水準，もう一方の水準数を b 水準とすると，組み合わせ水準は $a \times b$ となる．例えば，$a = 3$, $b = 4$ であれば，$a \times b = 3 \times 4 = 12$ 水準となる．どの順番でもよいから，組み合わせた水準に1から12の番号を付ければよい．行方向に1, 2, …, 12と付けてもよいし，列方向に1, 2, …, 12と付けてもよい．この項の例題では，$a \times b = 4 \times 5 = 20$ 水準となる．この20個の升目のどこを何番にしたかさえわかっていればよい．この例では，繰り返し2回ずつであるので，1, 2, …, 20の組み合わせ条件が2つずつある．毎回，付け方を替えると混乱するので，自分の中では，行方向に付けるか，列方向に付けるかを決めておいた方がよいだろう．この例では，$a \times b$ のすべての組み合わせを実験しているが，この中でよいと考えられる組み合わせだけを実験する方法もある．この方法は，従来の実験計画法では，"組み合わせ法"と呼んでいる．この場合は，どの組み合わせを実験するかによって，因子 A, 因子 B と交互作用 $A \times B$ に分解できる場合とできない場合がある．適当に組み合わせを選んだ場合は，ほとんど分解できないと考える方があたっているだろう．

第 4 章 superDOE 分析利用上の注意点

表 4-4 求められた水準ごとの値と t 値および平方和・分散

因子名	水準	係数	t 値	対比	平方和	分散	F 値	データ数	$F(0.05)$	判定
定数項	β_0	8.900	69.03	10.67						
組合わせ効果	1	0.00	0.00	−1.77	28.22	1.49	44.67	2	2.137	有意である
	2	0.300	1.65	−1.47				2		
	3	0.750	4.11	−1.02				2		
	4	1.250	6.86	−0.52				2		
	5	1.650	9.05	−0.12				2		
	6	0.950	5.21	−0.82				2		
	7	1.250	6.86	−0.52				2		
	8	1.600	8.77	−0.17				2		
	9	1.850	10.15	0.08				2		
	10	2.050	11.24	0.28				2		
	11	1.950	10.69	0.18				2		
	12	2.950	16.18	1.18				2		
	13	2.500	13.71	0.73				2		
	14	3.250	17.82	1.48				2		
	15	2.850	15.63	1.08				2		
	16	1.550	8.50	−0.22				2		
	17	1.600	8.77	−0.17				2		
	18	2.300	12.61	0.53				2		
	19	2.250	12.34	0.48				2		
	20	2.500	13.71	0.73				2		

この結果 (表 4-4) からは，組合わせ条件 14 (因子 A_3 水準，因子 B_4 水準) が特性値の値がもっとも大きいことがわかる．次に，この組み合わせ効果を因子 A の効果と因子 B の効果と純粋な組み合わせの効果 $A×B$ に分ける．superDOE 分析 -2 を行う．

(2) superDOE 分析 -2 のデータおよび解析結果

superDOE 分析 -2 では変数として，因子 A (触媒) と因子 B (反応時間) を指定する (表 4-5)．

4.1 交互作用の検出(直交表と直交表以外の実験配置において)

表4-5 解析用データ表-2

因子名	触媒	触媒	触媒	触媒	反応時間	反応時間	反応時間	反応時間	反応時間	特性値
水準名	1	2	3	4	1	2	3	4	5	Y
1	1	0	0	0	1	0	0	0	0	9.0
2	1	0	0	0	1	0	0	0	0	8.8
3	1	0	0	0	0	1	0	0	0	9.3
4	1	0	0	0	0	1	0	0	0	9.1
5	1	0	0	0	0	0	1	0	0	9.8
6	1	0	0	0	0	0	1	0	0	9.5
⋮	⋮	⋮	⋮	⋮	⋮	⋮	⋮	⋮	⋮	⋮
38	0	0	0	1	0	0	0	1	0	11.0
39	0	0	0	1	0	0	0	0	1	11.6
40	0	0	0	1	0	0	0	0	1	11.2

superDOE分析-1とsuperDOE分析-2の結果より,因子Aの効果と因子Bの効果と純粋な組み合わせの効果$A \times B$に分ける.両者の関係は表4-6のようになっている.

因子Aである触媒の効果は,分散が6.46でF値が83.21で5%有意.因子Bである反応時間の効果は,分散が1.65でF値が21.20で5%有意である.ともに有意であることがわかる(表4-7).そこで表4-8より,

 交互作用効果

=(superDOE分析-1の因子効果)-因子Aの主効果-因子Aの主効果
であるから,

  交互作用$A \times B$の平方和 = 28.223 - 19.511 - 7.037 = 1.675

  交互作用$A \times B$の自由度 = 19 - 3 - 4 = 12

  交互作用$A \times B$の分散 = 1.675 / 12 = 0.140

  交互作用$A \times B$のF値 = 0.140 / 0.033 = 4.230

  検定のF(交互作用の自由度,誤差の自由度;α)

= $F(12, 20 ; 0.05)$ = 2.28

第4章　superDOE分析利用上の注意点

表4-6　平方和の出方

	分析-1	分析-2	使用する値
因子A	因子の平方和	因子Aの平方和	分析-2の結果
因子B		因子Bの平方和	分析-2の結果
A×B		残差2	(分析-1－分析-2)で算出
誤差	残差1		分析-1の結果

表4-7　求められた水準ごとの値とt値および平方和・分散と検定

因子名	水準	係数	t値	対比	平方和	分散	F値	データ数	$F(0.05)$	有意判定
定数項	β_0	9.035	74.70	10.668						
触媒	1	－0.000	－0.00	－0.98	19.511	6.504	88.919	10	2.901	有意である
触媒	2	0.750	6.20	－0.23				10		有意である
触媒	3	1.910	15.79	0.93				10		有意である
触媒	4	1.215	10.34	0.27				10		有意である
反応時間	1	－0.000	－0.00	－0.66	7.037	1.759	24.051	8	2.668	有意である
反応時間	2	0.412	3.05	－0.24				8		有意である
反応時間	3	0.675	4.99	0.02				8		有意である
反応時間	4	1.038	7.67	0.38				8		有意である
反応時間	5	1.150	8.50	0.50				8		有意である

表4-8　分散分析表

	平方和	自由度	分散	分散比：F値	検定有意F
因子A	19.511	3	6.50	196.97	3.10
因子B	7.037	4	1.76	53.33	2.87
交互作用A×B	1.675	12	0.140	4.24	2.28
誤差	0.665	20	0.033		$\alpha = 0.05$
合計	28.888	39			

である．以上より，

$$交互作用の F 値 = 4.230 \quad > \quad F(12, 20 ; 0.05) = 2.28$$

であるので，交互作用効果は無視することができない．

$$F(3, 20 ; 0.05) = 3.10, \ F(4, 20 ; 0.05) = 2.87, \ F(12, 20 ; 0.05) = 2.28$$

superDOE分析は割り付け表（直交表）を基準に計画することが基本である．割り付け表を用いると，組み合わせ効果を単独で検出できる．しかし，割り付け表を用いない実験の場合はここで説明した方法で，組み合わせ効果（交互作用効果）を検出できる．また，応用として，直交表実験において多水準法を採用し，多水準因子の交互作用効果を検出したい場合もこの節の方法が有効である．

4.2　欠測値の出方と解析可能範囲

superDOE分析の最大の特徴は，欠測値が発生しても，通常どおり解析できることである．しかし，どこまでも解析可能なわけではない．例として，$L_8(2^7)$ 実験について見てみよう（通常の結果は表2-1（p.43）を参照）．通常の結果を以下に再掲する．交互作用効果は有意ではなかったので，解析には主効果 A, B, C, D を用いる．

【解析結果】

欠測値なしのときの解析結果を表4-9～表4-11に示す．後の欠測値が発生した場合の結果と比較するために主要結果のみを示す．

表4-9　回帰統計（欠測値なし）

重相関係数 R	0.995
寄与率 R^2	0.990
誤差の標準偏差	1.568
観測数	8
有効反復数	1.600

第4章 superDOE分析利用上の注意点

表4-10 分散分析表（欠測値なし）

項目名称	自由度	平方和	分散	分散比	検定有意F	判定結果
因子効果	4	742.500	185.625	75.508	9.117	$\alpha = 0.05$
A	1	325.125	325.125	132.254	10.128	有意である
B	1	276.125	276.125	112.322	10.128	有意である
C	1	36.125	36.125	14.695	10.128	有意である
D	1	105.125	105.125	42.763	10.128	有意である
誤差	3	7.375	2.458			
全体	7	749.875				

表4-11 求められた水準ごとの値と t 値および平方和・分散と検定（欠測値なし）

因子名	水準	基準係数	t値	対比	平方和	分散	F値	データ数	$F(0.10)$	有意判定
定数項	β_0	20.625	16.64	19.625						
A	1	0.000	0.00	-6.375	325.13	325.13	132.25	4	10.128	有意である
A	2	12.750	11.50	6.375				4		
B	1	0.000	0.00	5.875	276.13	276.13	112.32	4	10.128	有意である
B	2	-11.750	-10.60	-5.875				4		
C	1	0.000	0.00	-2.125	36.13	36.13	14.69	4	10.128	有意である
C	2	4.250	3.83	2.125				4		
D	1	0.000	0.00	3.625	105.13	105.13	42.76	4	10.128	有意である
D	2	-7.250	-6.54	-3.625				4		

　表4-10の分散分析における各因子の有意判定が変わるか，求められた因子ごとの水準の特性値に対する係数がどの程度変化するかが解析結果におけるポイントとなる．

4.2 欠測値の出方と解析可能範囲

表 4-12 superDOE 分析（欠測値なし）

No.	実測値	推定値	残差	規準化残差	区間下限	区間上限	区間幅
1	21.00	20.63	0.38	0.24	16.68	24.57	3.94
2	12.00	13.13	−1.13	−0.72	9.18	17.07	3.94
3	17.00	17.63	−0.63	−0.40	13.68	21.57	3.94
4	3.00	1.63	1.38	0.88	−2.32	5.57	3.94
5	39.00	37.63	1.38	0.88	33.68	41.57	3.94
6	21.00	21.63	−0.63	−0.40	17.68	25.57	3.94
7	25.00	26.13	−1.13	−0.72	22.18	30.07	3.94
8	19.00	18.63	0.38	0.24	14.68	22.57	3.94

（注） 信頼度 $(1-\beta)=0.95$

(1) CASE-1

サンプル番号 3 が欠測値になった場合の superDOE 分析解析結果を表 4-13 示す．

【解析結果】

サンプル番号 3 が欠測値のときの解析結果を表 4-14，表 4-15 に示す．

因子 A, B, C, D は有意にならなかった．どのデータが欠落するかで誤差平方和が大きく変化する．また，データ数が 1 つ少ないので，全体の自由度が 7 から 6 に 1 減ったことによる．この 1 減った影響は誤差の自由度に現れる．これにより，検定のときの有意 F 値の自由度が 1 減り，有意 F 値が大きくなったことが原因である．

水準ごとの特性値に与える影響量である対比は，2 水準系の場合，第 1 水準と第 2 水準の値は正負の符号が違うだけで絶対値は同じであるが，欠測値がある場合はデータ数が変わるために絶対値が違ってくる．例えば，因子 A は，

因子 A：$(-7.048) \times 3 + (5.286) \times 4 = (-21.144) + (21.144) = 0$

同様に，因子 B, C, D は，

因子 B：$(6.952) \times 3 + (-5.214) \times 4 = (20.856) + (-20.856) = 0$

因子 C：$(-2.00) \times 4 + (2.67) \times 3 = (-8.00) + (8.00) = 0$

第4章　superDOE分析利用上の注意点

表4-13　CASE-1　データ表　(■部分が欠測値)

因子名	変数-1	変数-2	変数-3	変数-4	変数-5	変数-6	変数-7	特性値
	A	D	誤差	B	$A \times B$	誤差	C	
1	1	1	1	1	1	1	1	21
2	1	1	1	2	2	2	2	12
3	1	2	2	1	1	2	2	17
4	1	2	2	2	2	1	1	3
5	2	1	2	1	2	1	2	39
6	2	1	2	2	1	2	1	21
7	2	2	1	1	2	2	1	25
8	2	2	1	2	1	1	2	19

表4-14　CASE-1　分散分析表

項目名称	自由度	平方和	分散	観測された分散比	検定有意F	判定結果
因子効果	4	631.905	157.976	2.870	19.247	
A	1	260.762	260.762	4.737	18.513	有意でない
B	1	253.762	253.762	4.610	18.513	有意でない
C	1	37.333	37.333	0.678	18.513	有意でない
D	1	80.048	80.048	1.454	18.513	有意でない
誤差	2	110.095	55.048			
全体	6	742.000				

　　　因子D：$(2.929) \times 4 + (-3.905) \times 3 = (11.715) + (-11.715) = 0$
となる．因子ごとの係数にデータ数を掛けたものの合計が0である．
　誤差分散の値は，55.048 である．欠測値なしのときの誤差分散 2.458 に比べ，サンプル番号3が欠測した場合は大きくなる．

4.2 欠測値の出方と解析可能範囲

表4-15 CASE-1 求められた水準ごとの値とt値および平方和・分散と検定

因子名	水準	係数	t値	対比	平方和	分散	F値	データ数	$F(0.05)$
定数項	β_0	20.833	14.34	20.000					
A	1	0.000	0.00	−7.048	260.76	260.76	4.74	3	18.513
A	2	12.333	8.49	5.286				4	
B	1	0.000	0.00	6.952	253.76	253.76	4.61	3	18.513
B	2	−12.17	−8.37	−5.214				4	
C	1	0.000	0.00	−2.000	37.33	37.33	0.68	4	18.513
C	2	4.667	3.21	2.667				3	
D	1	0.000	0.00	2.929	80.05	80.05	1.45	4	18.513
D	2	−6.833	−4.70	−3.905				3	

(2) CASE-2

次は，サンプル番号8が欠測値になった場合の解析例を示す(表4-16)．

【解析結果】

サンプル番号8が欠測値の時の解析結果を表4-17，表4-18に示す．

CASE-1と同様，因子A, B, C, Dは有意にならなかった．CASE-1と同様である．

表4-16 CASE-2 データ表 (■部分が欠測値)

因子名	変数-1 A	変数-2 D	変数-3 誤差	変数-4 B	変数-5 $A \times B$	変数-6 誤差	変数-7 C	特性値
1	1	1	1	1	1	1	1	21
2	1	1	1	2	2	2	2	12
3	1	2	2	1	1	2	2	17
4	1	2	2	2	2	1	1	3
5	2	1	2	1	2	1	2	39
6	2	1	2	2	1	2	1	21
7	2	2	1	1	2	2	1	25
8	2	2	1	2	1	1	2	19

第4章　superDOE分析利用上の注意点

表4-17　CASE-2　分散分析表

項目名称	自由度	平方和	分散	分散比	検定有意F	判定結果
因子効果	4	638.571	185.607	2.880	19.247	
A	1	267.857	267.857	4.832	18.513	有意でない
B	1	246.857	246.857	4.454	18.513	有意でない
C	1	27.429	27.429	0.495	18.513	有意でない
D	1	96.429	96.429	1.740	18.513	有意でない
誤差	2	110.857	55.429			
全体	6	749.429				

表4-18　CASE-2　求められた水準ごとの値とt値および平方和・分散と検定

因子名	水準	水準係数	t値	対比	平方和	分散	F値	データ数	$F(0.05)$
定数項	β_0	21.000	11.22	19.714					
A	1	−0.000	−0.00	−5.357	267.86	267.86	4.832	4	18.513
A	2	12.500	8.18	7.143				3	
B	1	−0.000	−0.00	5.143	246.86	246.86	4.454	4	18.513
B	2	−12.00	−7.86	−6.857				3	
C	1	−0.000	−0.00	−1.714	27.43	27.43	0.495	4	18.513
C	2	4.000	2.62	2.286				3	
D	1	−0.000	−0.00	3.214	96.43	96.43	1.740	4	18.513
D	2	−7.500	−4.91	−4.286				3	

　水準ごとの特性値に与える影響量である対比もCASE-1と同様，データ数が水準ごとで違うために絶対値が違っている．対比の関連はCASE-1と同様であるので，各自試みられたい．欠測値なしのときの誤差分散2.458に比べ，誤差分散の値は，55.429である．CASE-1，CASE-2とも，誤差の平方和は大きくなり，誤差の自由度が欠測値なしのときの3に対し，欠測値ありのときは2であるため，平方和を自由度で割って求める分散は大きめに出る．この平方和は欠測となるデータによって変わることがわかる．

　再度，繰り返すと，欠測値の影響は誤差(残差)の自由度に直接影響してくる．

4.2 欠測値の出方と解析可能範囲

(3) CASE-3

最後に欠測値がサンプル番号3と8の2カ所で発生した場合の解析例を示す（表4-19）．

【解析結果】

サンプル番号3と8が欠測値のときの解析結果を表4-20，表4-21に示す．

今回は因子A, B, C, Dとも有意ではない．これは誤差の自由度が1になったためである．係数表の誤差分散の値は，198.313である．欠測値なしのときの誤差分散2.458に比べ，198.313になっている．CASE-1，CASE-2とに比べても，誤差の平方和は大きくなる．（この大きくなる程度は，欠測するNo.とデータにより変化する）．誤差の自由度が欠測値なしのときの3に対し，今回は1であることも，分散を大きくしてしまう原因となる．

表4-19　CASE-3　データ表　（■部分が欠測値）

因子名	変数-1 A	変数-2 D	変数-3 誤差	変数-4 B	変数-5 $A \times B$	変数-6 誤差	変数-7 C	特性値
1	1	1	1	1	1	1	1	21
2	1	1	1	2	2	2	2	12
3	1	2	2	1	1	2	2	17
4	1	2	2	2	2	1	1	3
5	2	1	2	1	2	1	2	39
6	2	1	2	2	1	2	1	21
7	2	2	1	1	2	2	1	25
8	2	2	1	2	1	1	2	19

第4章 superDOE分析利用上の注意点

表4-20　CASE-3　分散分析表

項目名称	自由度	平方和	分散	分散比	検定有意F	判定結果
因子効果	4	542.521	183.646	0.684	224.583	
A	1	225.094	225.094	1.135	161.446	有意でない
B	1	225.094	225.094	1.135	161.446	有意でない
C	1	27.000	27.000	0.136	161.446	有意でない
D	1	65.333	65.333	0.329	161.446	有意でない
誤差	1	198.313	198.313			
全体	5	740.833				

表4-21　CASE-3　求められた水準ごとの値とt値および平方和・分散と検定

因子名	水準	係数	t値	対比	平方和	分散	F値	データ数	$F(0.05)$
定数項	β_0	21.000	8.40	20.167					
A	1	0.000	0.00	-6.125	225.09	225.09	1.14	3	161.446
A	2	12.250	5.66	6.125				3	
B	1	0.000	0.00	6.125	225.09	225.09	1.14	3	161.446
B	2	-12.25	-5.66	-6.125				3	
C	1	-0.000	-0.00	-1.500	27.00	27.00	0.14	4	161.446
C	2	4.500	1.80	3.000					
D	1	-0.000	-0.00	2.333	65.33	65.33	0.33	4	161.446
D	2	-7.000	-2.80	-4.667				2	

(4) 元データとCASE-1～3の比較

欠測値が発生することで，分散分析の結果，検定で有意にならなくなるという現象が発生したが，水準ごとの係数(対比)はあまり変わらないことがわかる（表4-22参照）．

どのサンプルが欠測値となるかによって結果への影響の出方は変化するが，本書の例のような欠測値が1～2個程度であれば，さほど結果に大きく影響しないと考えられる．

表4-22　元データとCASE-1〜3の水準ごとの対比の比較表

因子名	水準	欠測なし	CASE-1	CASE-2	CASE-3	特徴と備考
定数項	β_0	20.000	20.000	19.714	20.167	ほとんど変化なし
A	1	-6.375	-7.048	-5.357	-6.125	ほとんど変化なし 欠測値が発生すると水準ごとのデータ数が変化するので係数の絶対値が変わる（データ数の重みを考慮して係数を求めているため）
A	2	6.375	5.286	7.143	6.125	
B	1	5.875	6.952	5.143	6.125	
B	2	-5.875	-5.214	-6.857	-6.125	
C	1	-2.125	-2.000	-1.714	-1.500	
C	2	2.125	2.67	2.29	3.00	
D	1	3.625	2.929	3.214	2.333	
D	2	-3.63	-3.905	-4.286	-4.667	
欠測値状態		欠測値なし	欠測値1個	欠測値1個	欠測値2個	欠測値3個は誤差の自由度が0になり，解析不能
誤差の自由度		3	2	2	1	

　superDOE分析の利点の1つは，欠測値の発生に対し，特別な処置や解析を必要としないことである．この点で，superDOE分析が従来の実験計画法をマスターした人が実務で使いやすくなっているのである．

(5) 結論

① 欠測値が発生してもsuperDOE分析は通常どおり解析することができる．ただし，欠測したデータによっては，解析できないことがある．

② 誤差の自由度が0になると解析できなくなる．当然であるが，この例の場合，欠測値が3個になると誤差の自由度が0になる．（誤差の自由度が1以上が解析可能条件）

③ どれかの因子の1水準がすべて欠測すると解析不能になる．特に，その因子が2水準のときはその因子からの情報は取れなくなる．3水準以上の場合は，抜けた水準番号を詰めて解析すればできる場合がある．すなわち，4水準で第3水準が欠測した場合は，第1，2水準はそのままで第4水準

第4章 superDOE分析利用上の注意点

を新しい第3水準とすると解析可能になることが多い．解析不能になるのは第3水準が消えたことにより，他の因子と水準組み合わせが重複してしまう場合である．この場合は，欠測値の発生した因子効果と他の因子効果が混じってしまう．これを交絡するという．

4.3 多重共線性（因子毎情報の取り出し限界について）

具体例を見てみる．H精密部品会社では，このたび新製品を開発中である．従来のものに対し，加工方式と材質を改善したものである．評価に用いる特性値は強度である．そこで，設計担当者は，

① 加工方式A_1，材質B_1を2個
② 加工方式A_2，材質B_2を2個

試作し，それらの強度を測定した．結果は表4-23である．

表4-23の結果から，①の方が高い強度を示すことがわかった．しかし，目標とする強度に達さなかったので，さらに強度を上げるための加工方式と材質の条件を探索する必要がある．今回の試作で，加工方式と材質のどちらが強度に大きく寄与したのかを知るために，superDOE分析を行った．データは表4-24のようになる．

図4-1のようなメッセージが出て異常終了する．この理由は，変数-1の水準が1のときに変数-2の水準が1，変数-1の水準が2のときに変数-2の水準が2というように，変数-1と変数-2の水準が同じ数値になっていること

表4-23 試作品強度の測定結果

	加工方式	材 質	強 度	強度の平均
①	A_1	B_1	$Y_{11} = 58$	60.5
			$Y_{12} = 63$	
②	A_2	B_2	$Y_{21} = 48$	51.5
			$Y_{11} = 55$	

4.3 多重共線性(因子毎情報の取り出し限界について)

表4-24 データ表

データNo. 因子名	変数-1 加工方式	変数-2 材質	変数-3 特性値
1	1	1	58
2	1	1	63
3	2	2	48
4	2	2	55

図4-1 superDOE分析のメッセージ

(メッセージ:「多重共線性(逆行列が求められません)が発生しています。データをチェックしてください。」)

が問題なのである.このため,変数-1の効果と変数-2の効果にデータを分離できないのである.このような現象を多重共線性という.これが発生するとどちらかの因子を勘で無視するしか仕方がない.実務では,このような状態は発生させたくない.先ほどの試作を表4-25のように実施すれば問題なかったのである.

これを解析する前に,加工方式の水準番号と材質の水準番号との相関係数を求めてみよう(エクセルなどの分析ツールを使えば簡単に求められる).

加工方式と材質の水準は相関係数$R = 1.000$である.すなわち,加工方式と材質の水準の動きがまったく同じであることを示している(表4-26).この場合,特性値に対する影響量がわかっても,加工方式と材質のどちらがどれだけ影響したかを定量的に分解することができない.解析ソフトに添付した割り付け表は,このようなことが起こらないようにあらかじめ設計されたものである.組み込みの割り付け表を使わないで,自分で割り付け表を作成する場合は,この多重共線性に注意が必要である.先ほどの"望ましい試作条件表"のように行

第4章　superDOE分析利用上の注意点

表4-25　望ましい試作条件表

データNo. 因子名	変数-1 加工方式	変数-2 材質	変数-3 特性値
1	1	1	58
2	1	2	63
3	2	1	48
4	2	2	55

表4-26　相関行列

	加工方式	材質
加工方式	1.000	
材質	1.000	1.000

えば，加工方式の特性値に対する影響量と材質の特性値に対する影響量を，独立に（別個に）検出できるのである（試作数はどちらも4つ）．同じ労力でも得られる情報量は何倍も違ってくる．これは，実験を行った後では対処の方法がない．事前に検討しておかなければならない事項である．このことから，"実験計画法"と言われているのである．

(1) 水準を正しく計画された場合

当初の水準設定では解析できないことが判明したので，正しい水準配置に計画を訂正して実験をやり直した．それがこの試作条件表である．

仮に，この条件で試作したとすると，解析が途中で止まることなく行われる．superDOE分析の結果は表4-27，表4-28のようになる．

分散分析表より，危険率$\alpha = 0.10$　で，加工方式，材質とも特性値である強度に影響していることがわかる．それでは，効き具合はどちらが大きいかを見てみると，加工方式が±4.5で，材質が±3.0で加工方式が材質よりも，1.5倍強度に影響していることがわかる．

4.3 多重共線性(因子毎情報の取り出し限界について)

表4-27 分散分析表

項目名称	自由度	平方和	分散	分散比	検定有意F	判定結果
因子効果	2	117.000	58.500	29.250	49.50	
加工方式	1	81.000	81.000	81.000	39.86	有意である
材質	1	36.000	36.000	36.000	39.86	有意である
誤差	1	1.000	1.000		$\alpha = 0.10$	
全体	3	118.000				

表4-28 求められた水準ごとの値とt値および平方和・分散と検定

因子名	水準	基準係数	t値	対比	平方和	分散	F値	$F(0.10)$	有意判定
定数項	β_0	57.500	66.40	56.000					
加工方式	1	0.000	0.00	4.500	81.00	81.00	81.00	39.86	有意である
加工方式	2	-9.000	-9.00	-4.500					
材質	1	0.000	0.00	-3.000	36.00	36.00	36.00	39.86	有意である
材質	2	6.000	6.00	3.000					

$$影響率 = \frac{加工方法の影響量}{材質の影響量} = \frac{4.50}{3.00} = 1.5$$

最初の計画では,このような定量的な情報は得られない.試作品数(データ数)が同じでも,計画が悪いと必要な情報が得られないのである.

多重共線性を起こさない計画の作成が重要である.

直交表を用いない完備型計画における組み合わせ条件でも,多重共線性が発生する.前の章の例を再掲する(表4-29).これは触媒4種類,処理時間5種類で,その組み合わせ5×4 = 20種類であった.この分析では,superDOE分析-1は変数-4(組み合わせ)で解析を行い,superDOE分析-2で変数-1と変数-2を用いて解析した.これも,変数-1,変数-2と変数-4(組み合わせ)が関連しているからである(変数-1と変数-2から変数-4を作っている).別の

第4章 superDOE分析利用上の注意点

表4-29 superDOE分析用の元データ

No.	変数1 温度	変数2 圧力	変数3 繰返	変数4 組合	変数5 Y	No.	変数1 温度	変数2 圧力	変数3 繰返	変数4 組合	変数5 Y
1	1	1	1	1	9.0	21	3	1	1	11	11.0
2	1	1	2	1	8.8	22	3	1	2	11	10.7
3	1	2	1	2	9.3	23	3	2	1	12	11.8
4	1	2	2	2	9.1	24	3	2	2	12	11.9
5	1	3	1	3	9.8	25	3	3	1	13	11.5
6	1	3	2	3	9.5	26	3	3	2	13	11.3
7	1	4	1	4	10.2	27	3	4	1	14	12.0
8	1	4	2	4	10.1	28	3	4	2	14	12.3
9	1	5	1	5	10.5	29	3	5	1	15	11.7
10	1	5	2	5	10.6	30	3	5	2	15	11.8
11	2	1	1	6	10.0	31	4	1	1	16	10.3
12	2	1	2	6	9.7	32	4	1	2	16	10.6
13	2	2	1	7	10.1	33	4	2	1	17	10.7
14	2	2	2	7	10.2	34	4	2	2	17	10.3
15	2	3	1	8	10.4	35	4	3	1	18	11.0
16	2	3	2	8	10.6	36	4	3	2	18	11.4
17	2	4	1	9	10.6	37	4	4	1	19	11.3
18	2	4	2	9	10.9	38	4	4	2	19	11.0
19	2	5	1	10	10.9	39	4	5	1	20	11.6
20	2	5	2	10	11.0	40	4	5	2	20	11.2

(注) 表示が長くなるので，半分ずつ2列にした．実際は縦1列になる．

表現方法をとると変数-1，変数-2と変数-4は独立ではないという．このように，変数間に何らかの強い関係・関連がある場合（先ほどの例と同じで因子間の相関係数が1に近い値を示す）に多重共線性が発生する．これらを避けるために，直交表が考え出されたのである．

この例で，変数-1，変数-2と変数-4を同時に指定してsuperDOE分析を実施すると，図4-2のようなメッセージが出て異常終了する．

この場合は，「4.1 交互作用の検出」に従って解析する．具体的には，

4.3 多重共線性(因子毎情報の取り出し限界について)

図4-2 superDOE分析のメッセージ

解析-1：変数-4とY(変数-5)でsuperDOE分析を実施
解析-2：変数-1, 2とY(変数-5)でsuperDOE分析を実施
解析-3：解析-1と解析-2で交互作用効果を算出
解析-4：全体解析を行う

という手順で解析を行えばよい.

第5章　superDOE分析の理論

5.1　superDOE分析によるモデル化

　superDOE分析の理論背景について述べるにあたり，データのモデル化について説明する．

　もっとも基本的な実験として，一元配置実験例について示す．

　先端製品開発部では，新たな製品Xを3種類開発した．従来のものと比較して，特性値Yが大きくなったか否かを調べる．試作は，従来品を含めた4種類をそれぞれ4つずつ試作した．合計16個について特性値を測定した．単位は省略してある．また，値は大きい方が望ましいとする．ただし，試作するにあたり，16個のサンプルをランダムに作り，この中でどれがよいか，判断することになった．採取したデータは表5-1のとおりである．

　このデータの因子Aの水準と繰り返し番号と特性値を1行に書くと，表5-2のデータ表2になる．例えば，データ表1の2行3列目はA_2水準の3個目のデータで11.8である．これは表5-2の7番目になる．16個のデータを書き直すと，次のように書くことができる．表は16行できるが，長くなるので，8行ずつを左右に並べて表記している．

表5-1　データ表1

因子		繰り返し番号			
	実水準名	No.1	No.2	No.3	No.4
A_1	従来品	12.1	11.3	13.0	12.5
A_2	新製品M	10.3	12.6	11.8	11.8
A_3	新製品N	11.9	13.9	13.4	12.8
A_4	新製品K	13.2	13.9	14.6	14.5

第 5 章　superDOE 分析の理論

　表 5-2 のデータ表 2 において,因子水準の A はなくても問題はない.そこで,この 16 個のデータを要因 A の水準番号と繰り返し番号とで表記すると表 5-3 のデータ表 3 になる.

表 5-2　データ表 2

	水準	No.	特性値		水準	No.	特性値
1	A_1	1	12.1	9	A_3	1	11.9
2	A_1	2	11.3	10	A_3	2	13.9
3	A_1	3	13.0	11	A_3	3	13.4
4	A_1	4	12.5	12	A_3	4	12.8
5	A_2	1	10.3	13	A_4	1	13.2
6	A_2	2	12.6	14	A_4	2	13.9
7	A_2	3	11.8	15	A_4	3	14.6
8	A_2	4	11.7	16	A_4	4	14.5

表 5-3　データ表 3

	水準	No.	特性値		水準	No.	特性値
1	1	1	12.1	9	3	3	11.9
2	1	2	11.3	10	3	2	13.9
3	1	3	13.0	11	3	3	13.4
4	1	4	12.5	12	3	4	12.8
5	2	1	10.3	13	4	1	13.2
6	2	2	12.6	14	4	2	13.9
7	2	3	11.8	15	4	3	14.6
8	2	4	11.7	16	4	4	14.5
	α_i	繰返し$_j$	Y_{ij}		α_i	繰返し$_j$	Y_{ij}

5.1 superDOE 分析によるモデル化

表5-3より，それぞれのデータは，

$$Y_{ij} = \mu\,(\text{全平均}) + \alpha_i + r_{ij}$$

と表現できる．ここで，α_i は新製品 i 番目の全平均からの効果を表し，r_{ij} は i 番目の新製品がどれぐらいばらつくかを表している．このばらつきを考慮して，α_i の効果が認められればよいのである．

したがって，この例では，データのばらつきを表している r_{ij} は，誤差を表すときは慣用的に e_{ij} もしくは，ε_{ij} と表現することが多い．書き換えると，

$$Y_{ij} = \mu + \alpha_i + e_{ij}$$

となる．従来の実験計画法は，前述した

$$Y_{ij} = \mu + \alpha_i + e_{ij} \tag{1}$$

を構造式として，解析する．この α_i が連続で直線的な変化であれば，1次式の回帰式と同じになる．しかし，実験計画法で扱う因子の水準は，必ずしも連続で直線的な変化ではない．むしろ，連続的ではなくても扱えるのが特徴である．温度や圧力といった連続的な因子であれば，水準の間に大小関係が存在するが，S社の材料，T社の材料，U社の材料，V社の材料というように水準の間に何の大小関係もないことが多い．通常の直線回帰や重回帰分析ができないことがわかるであろう．これらを解決するために，superDOE分析ではこの式を

$$Y_{ij} = \mu + \alpha_1 + \alpha_2 + \alpha_3 + \alpha_4 + e_{ij} \tag{2}$$

というように展開して，解析する．水準数だけ変数を増やすのである（実際の解析においては，従来の構造式にも採用している制約式

$$\alpha_1 + \alpha_2 + \alpha_3 + \alpha_4 = 0$$

をおくと，このうちどれか3つが決まれば，残りの1つは自動的に決まってしまうので，実質的な変数の数は，（水準数－1）で，変数の数がむやみに増えるのを防いでいる．この制約条件で前述の4社を表すと，

$$(\alpha_1,\ \alpha_2,\ \alpha_3) = \begin{cases} (1,\ 0,\ 0) : \text{S社の材料} \\ (0,\ 1,\ 0) : \text{T社の材料} \\ (0,\ 0,\ 1) : \text{U社の材料} \\ (0,\ 0,\ 0) : \text{V社の材料} \end{cases}$$

第5章 superDOE分析の理論

と表すことができる．変数の数が4つであったのが1つ減って3つになることがわかる．多変量解析の場合は，このように1つの水準を変数と考えるときこれらをダミー変数という）．

　本書に添付しているsuperDOE分析ソフトは，データを水準番号で入力すると，解析対象データは水準数だけ変数を自動的に増やして計算に入る（この様子を見たい場合は，解析終了後に"解析対象データ・基本統計量"シートを選択すると，変数が展開されている様子が確認できる．画面下のシートタブの"解析対象データ・基本統計量"をクリックする．このシートは自動計算の時は表示されない．計算のためのワークシートとして使用している）．

　（注）　このとき，4水準に指定する＝4つの変数の導入，がポイントである．しかし，実際のサンプルにどれか1つ以上の水準が欠落している場合，言い換えれば，実質2や3水準であるのに4水準と指定すると，4変数作られる．この場合は，解析の途中で存在しない水準番号になったとき，データ数が0（ゼロ）であるため，相関係数や分散の計算中に"0で割るという事態が発生する"ため，解析ができなくなり，異常終了してしまう．したがって，最大水準数だけを見て水準数を指定しないで，必ず，すべての水準のデータ数が1以上であることを確認のこと．

5.1 superDOE 分析によるモデル化

表 5-4 の ■ 部分を行列 D, (α_1, α_2, α_3, α_4) を θ, 誤差を e とし, 行列表記にすると,

表 5-4 解析対象データ

	変数-1	変数-2	変数-3	変数-4	変数-5
因子名	A	A	A	A	特性値
水準名	1	2	3	4	Y
1	1	0	0	0	12.1
2	1	0	0	0	11.3
3	1	0	0	0	13.0
4	1	0	0	0	12.5
5	0	1	0	0	10.3
6	0	1	0	0	12.6
7	0	1	0	0	11.8
8	0	1	0	0	11.7
9	0	0	1	0	11.9
10	0	0	1	0	13.9
11	0	0	1	0	13.4
12	0	0	1	0	12.8
13	0	0	0	1	13.2
14	0	0	0	1	13.9
15	0	0	0	1	14.6
16	0	0	0	1	14.5

第5章 superDOE分析の理論

$$D = \begin{bmatrix} 1 & 0 & 0 & 0 \\ 1 & 0 & 0 & 0 \\ 1 & 0 & 0 & 0 \\ 1 & 0 & 0 & 0 \\ 0 & 1 & 0 & 0 \\ 0 & 1 & 0 & 0 \\ 0 & 1 & 0 & 0 \\ 0 & 1 & 0 & 0 \\ 0 & 0 & 1 & 0 \\ 0 & 0 & 1 & 0 \\ 0 & 0 & 1 & 0 \\ 0 & 0 & 1 & 0 \\ 0 & 0 & 0 & 1 \\ 0 & 0 & 0 & 1 \\ 0 & 0 & 0 & 1 \\ 0 & 0 & 0 & 1 \end{bmatrix}, \theta = \begin{bmatrix} \alpha_1 \\ \alpha_2 \\ \alpha_3 \\ \alpha_4 \end{bmatrix}, Y = \begin{bmatrix} Y_1 \\ Y_2 \\ Y_3 \\ Y_4 \\ Y_5 \\ Y_6 \\ Y_7 \\ Y_8 \\ Y_9 \\ Y_{10} \\ Y_{11} \\ Y_{12} \\ Y_{13} \\ Y_{14} \\ Y_{15} \\ Y_{16} \end{bmatrix} = \begin{bmatrix} 12.1 \\ 11.3 \\ 13.0 \\ 12.5 \\ 10.3 \\ 13.6 \\ 11.8 \\ 11.7 \\ 11.9 \\ 13.9 \\ 13.4 \\ 12.8 \\ 13.2 \\ 13.9 \\ 14.9 \\ 14.5 \end{bmatrix}, e = \begin{bmatrix} e_1 \\ e_2 \\ e_3 \\ e_4 \\ e_5 \\ e_6 \\ e_7 \\ e_8 \\ e_9 \\ e_{10} \\ e_{11} \\ e_{12} \\ e_{13} \\ e_{14} \\ e_{15} \\ e_{16} \end{bmatrix}, \mu = \begin{bmatrix} \mu \\ \mu \\ \mu \\ \mu \\ \mu \\ \mu \\ \mu \\ \mu \\ \mu \\ \mu \\ \mu \\ \mu \\ \mu \\ \mu \\ \mu \\ \mu \end{bmatrix} = \begin{bmatrix} 1 \\ 1 \\ 1 \\ 1 \\ 1 \\ 1 \\ 1 \\ 1 \\ 1 \\ 1 \\ 1 \\ 1 \\ 1 \\ 1 \\ 1 \\ 1 \end{bmatrix} \mu$$

と書ける．(2)式を書き直すと，

$$Y = \mu + D\theta + e \tag{3}$$

となる．次に，μ と D，θ を合わせて書き直す．

$$D = \begin{bmatrix} 1 & 1 & 0 & 0 & 0 \\ 1 & 1 & 0 & 0 & 0 \\ 1 & 1 & 0 & 0 & 0 \\ 1 & 1 & 0 & 0 & 0 \\ 1 & 0 & 1 & 0 & 0 \\ 1 & 0 & 1 & 0 & 0 \\ 1 & 0 & 1 & 0 & 0 \\ 1 & 0 & 1 & 0 & 0 \\ 1 & 0 & 0 & 1 & 0 \\ 1 & 0 & 0 & 1 & 0 \\ 1 & 0 & 0 & 1 & 0 \\ 1 & 0 & 0 & 1 & 0 \\ 1 & 0 & 0 & 0 & 1 \\ 1 & 0 & 0 & 0 & 1 \\ 1 & 0 & 0 & 0 & 1 \\ 1 & 0 & 0 & 0 & 1 \end{bmatrix}, \theta = \begin{bmatrix} \mu \\ \alpha_1 \\ \alpha_2 \\ \alpha_3 \\ \alpha_4 \end{bmatrix}, Y = \begin{bmatrix} Y_1 \\ Y_2 \\ Y_3 \\ Y_4 \\ Y_5 \\ Y_6 \\ Y_7 \\ Y_8 \\ Y_9 \\ Y_{10} \\ Y_{11} \\ Y_{12} \\ Y_{13} \\ Y_{14} \\ Y_{15} \\ Y_{16} \end{bmatrix} = \begin{bmatrix} 12.1 \\ 11.3 \\ 13.0 \\ 12.5 \\ 10.3 \\ 13.6 \\ 11.8 \\ 11.7 \\ 11.9 \\ 13.9 \\ 13.4 \\ 12.8 \\ 13.2 \\ 13.9 \\ 14.9 \\ 14.5 \end{bmatrix}, e = \begin{bmatrix} e_1 \\ e_2 \\ e_3 \\ e_4 \\ e_5 \\ e_6 \\ e_7 \\ e_8 \\ e_9 \\ e_{10} \\ e_{11} \\ e_{12} \\ e_{13} \\ e_{14} \\ e_{15} \\ e_{16} \end{bmatrix}$$

5.1 superDOE 分析によるモデル化

と表すことができる．この行列とベクトルを用いて表現すると，

$$Y = D\theta + e \tag{4}$$

ここで，

Y：列ベクトル

D：$n \times (1+m)$ 行列　　（m：全水準数）

θ：列ベクトル

e：列ベクトルで，$e \in N(0, \sigma^2)$

$N(0, \sigma^2)$ は，平均が0で分散が σ^2 の正規分布を表す

となる．これが行列表記である．このとき，Dは計画行列，もしくは，デザイン行列と呼ばれる．eは誤差ベクトルであり，θ は全平均と対比を表すベクトルである．この θ を求めればよい．このようなモデルを，実験計画法のモデルという．また，この式は θ の一次式であるので，線形式とも呼ばれることから，線形モデルともいう．

次に，2因子の例を見てみる．ある工場で，製品の最終検査の特性値Yがばらついて困っている．そこで，その特性値Yのばらつきを減少する対策を実施することになり，関係のありそうな要因について調査した．これらのどの要因が影響しているかを解析することにした．従来の経験から，加工方法と組立順序が検査特性値に影響がありそうなので，今回は加工方法と組立順序の製品精度（検査特性値）に与える影響量を調べることにする．その調査結果が表5-5である．加工方法3種類と組立順序4種類の合計7変数と考えて解析する．

この表を添字付きの記号で書くと表5-6のようになる．

表5-5で，チェックマークの付いた箇所の値を1，付いていないところを0で表すと表5-7のようになる．

この状態になれば，回帰分析の手法を用いればよい．一番簡単な回帰モデルとして，次の回帰式を考える．

$$Y = b_0 + b_{11} X_{11} + b_{12} X_{12} + b_{13} X_{13} + b_{21} X_{21} + b_{22} X_{22} + b_{23} X_{23} + b_{24} X_{24} + e$$

ただし，$e \in N(0, \sigma^2)$

第5章 superDOE分析の理論

表5-5 加工方法と組立順序と製品精度（特性値）の関係

サンプル番号	因子1（加工方法）			因子2（組立順序）				検査特性値
	水準1 (A)	水準2 (B)	水準3 (C)	水準1 (K)	水準2 (T)	水準3 (S)	水準4 (H)	
1	✓						✓	11.7
2	✓			✓				14.0
3		✓			✓			11.5
4	✓				✓			13.5
5		✓					✓	11.5
6			✓	✓				13.3
7			✓		✓			13.2
8		✓				✓		13.0
9		✓		✓				13.0
10			✓			✓		12.8
11		✓			✓			12.5
12	✓					✓		13.3

表5-6 加工方法と組立順序と製品精度（特性値）の関係

サンプル番号	因子1（加工方法）			因子2（組立順序）				検査特性値
	水準1 (X_{11})	水準2 (X_{12})	水準3 (X_{13})	水準1 (X_{21})	水準2 (X_{22})	水準3 (X_{23})	水準4 (X_{24})	
1	X_{111}	X_{121}	X_{131}	X_{211}	X_{221}	X_{231}	X_{241}	11.7 (Y_1)
2	X_{112}	X_{122}	X_{132}	X_{212}	X_{222}	X_{232}	X_{242}	14.0 (Y_2)
3	X_{113}	X_{123}	X_{133}	X_{213}	X_{223}	X_{233}	X_{243}	11.5 (Y_3)
4	X_{114}	X_{124}	X_{134}	X_{214}	X_{224}	X_{234}	X_{244}	13.5 (Y_4)
5	X_{115}	X_{125}	X_{135}	X_{215}	X_{225}	X_{235}	X_{245}	11.5 (Y_5)
6	X_{116}	X_{126}	X_{136}	X_{216}	X_{226}	X_{236}	X_{246}	13.3 (Y_6)
7	X_{117}	X_{127}	X_{137}	X_{217}	X_{227}	X_{237}	X_{247}	13.2 (Y_7)
8	X_{118}	X_{128}	X_{138}	X_{218}	X_{228}	X_{238}	X_{248}	13.0 (Y_8)
9	X_{119}	X_{129}	X_{139}	X_{219}	X_{229}	X_{239}	X_{249}	13.0 (Y_9)
10	X_{1110}	X_{1210}	X_{1310}	X_{2110}	X_{2210}	X_{2310}	X_{2410}	12.8 (Y_{10})
11	X_{1111}	X_{1211}	X_{1311}	X_{2111}	X_{2211}	X_{2311}	X_{2411}	12.5 (Y_{11})
12	X_{1112}	X_{1212}	X_{1312}	X_{2112}	X_{2212}	X_{2312}	X_{2412}	13.3 (Y_{12})

（注）添え字の意味：因子番号，水準番号，サンプル番号．

5.1 superDOE 分析によるモデル化

表5-7 加工方法と組立順序と製品精度（特性値）の関係

サンプル番号	因子1（加工方法）			因子2（組立順序）				検査特性値
	水準1 (A)	水準2 (B)	水準3 (C)	水準1 (K)	水準2 (T)	水準3 (S)	水準4 (H)	
1	1	0	0	0	0	0	1	11.7
2	1	0	0	1	0	0	0	14.0
3	0	1	0	0	0	1	0	11.5
4	1	0	0	0	1	0	0	13.5
5	0	1	0	0	0	0	1	11.5
6	0	0	1	1	0	0	0	13.3
7	0	0	1	0	1	0	0	13.2
8	0	0	1	0	0	0	1	13.0
9	0	1	0	1	0	0	0	13.0
10	0	0	1	0	0	1	0	12.8
11	0	1	0	0	1	0	0	12.5
12	1	0	0	0	0	1	0	13.3

12個のデータを回帰モデルに従って X_{ij} を 0.1 で書くと，以下のようになる．

$$Y_1 = b_0 + b_{11} \cdot 1 + b_{12} \cdot 0 + b_{13} \cdot 0 + b_{21} \cdot 0 + b_{22} \cdot 0 + b_{23} \cdot 0 + b_{24} \cdot 1 + e_1$$

$$Y_2 = b_0 + b_{11} \cdot 1 + b_{12} \cdot 0 + b_{13} \cdot 0 + b_{21} \cdot 1 + b_{22} \cdot 0 + b_{23} \cdot 0 + b_{24} \cdot 0 + e_2$$

$$Y_3 = b_0 + b_{11} \cdot 0 + b_{12} \cdot 1 + b_{13} \cdot 0 + b_{21} \cdot 0 + b_{22} \cdot 0 + b_{23} \cdot 1 + b_{24} \cdot 0 + e_3$$

$$Y_4 = b_0 + b_{11} \cdot 1 + b_{12} \cdot 0 + b_{13} \cdot 0 + b_{21} \cdot 0 + b_{22} \cdot 1 + b_{23} \cdot 0 + b_{24} \cdot 0 + e_4$$

$$Y_5 = b_0 + b_{11} \cdot 0 + b_{12} \cdot 1 + b_{13} \cdot 0 + b_{21} \cdot 0 + b_{22} \cdot 0 + b_{23} \cdot 0 + b_{24} \cdot 1 + e_5$$

$$Y_6 = b_0 + b_{11} \cdot 0 + b_{12} \cdot 0 + b_{13} \cdot 1 + b_{21} \cdot 1 + b_{22} \cdot 0 + b_{23} \cdot 0 + b_{24} \cdot 0 + e_6$$

$$Y_7 = b_0 + b_{11} \cdot 0 + b_{12} \cdot 0 + b_{13} \cdot 1 + b_{21} \cdot 0 + b_{22} \cdot 1 + b_{23} \cdot 0 + b_{24} \cdot 0 + e_7$$

$$Y_8 = b_0 + b_{11} \cdot 0 + b_{12} \cdot 0 + b_{13} \cdot 1 + b_{21} \cdot 0 + b_{22} \cdot 0 + b_{23} \cdot 0 + b_{24} \cdot 1 + e_8$$

$$Y_9 = b_0 + b_{11} \cdot 0 + b_{12} \cdot 1 + b_{13} \cdot 0 + b_{21} \cdot 1 + b_{22} \cdot 0 + b_{23} \cdot 0 + b_{24} \cdot 0 + e_9$$

$$Y_{10} = b_0 + b_{11} \cdot 0 + b_{12} \cdot 0 + b_{13} \cdot 1 + b_{21} \cdot 0 + b_{22} \cdot 0 + b_{23} \cdot 1 + b_{24} \cdot 0 + e_{10}$$

$$Y_{11} = b_0 + b_{11} \cdot 0 + b_{12} \cdot 1 + b_{13} \cdot 0 + b_{21} \cdot 0 + b_{22} \cdot 1 + b_{23} \cdot 0 + b_{24} \cdot 0 + e_{11}$$

$$Y_{12} = b_0 + b_{11} \cdot 1 + b_{12} \cdot 0 + b_{13} \cdot 0 + b_{21} \cdot 0 + b_{22} \cdot 0 + b_{23} \cdot 1 + b_{24} \cdot 0 + e_{12}$$

第5章 superDOE分析の理論

これを先の一元配置実験例のように行列表記をすると以下のようになる．

$$Y = D\theta + e \tag{5}$$

ここで,

　　Y：列ベクトル

　　D：12×8 行列

　　θ：列ベクトル

　　e：列ベクトルで，$e \sim N(0, \sigma^2)$

　　$N(0, \sigma^2)$：期待値が0で分散がσ^2の正規分布を表す

$$D = \begin{bmatrix} 1 & 1 & 0 & 0 & 0 & 0 & 0 & 1 \\ 1 & 1 & 0 & 0 & 1 & 0 & 0 & 0 \\ 1 & 0 & 1 & 0 & 0 & 0 & 1 & 0 \\ 1 & 1 & 0 & 0 & 0 & 1 & 0 & 0 \\ 1 & 0 & 1 & 0 & 0 & 0 & 0 & 1 \\ 1 & 0 & 0 & 1 & 1 & 0 & 0 & 0 \\ 1 & 0 & 0 & 1 & 0 & 1 & 0 & 0 \\ 1 & 0 & 0 & 1 & 0 & 0 & 0 & 1 \\ 1 & 0 & 1 & 0 & 1 & 0 & 0 & 0 \\ 1 & 0 & 0 & 1 & 0 & 0 & 1 & 0 \\ 1 & 0 & 1 & 0 & 0 & 1 & 0 & 0 \\ 1 & 1 & 0 & 0 & 0 & 0 & 1 & 0 \end{bmatrix}, \quad \theta = \begin{bmatrix} \mu \\ b_{11} \\ b_{12} \\ b_{13} \\ b_{21} \\ b_{22} \\ b_{23} \\ b_{24} \end{bmatrix}, \quad Y = \begin{bmatrix} Y_1 \\ Y_2 \\ Y_3 \\ Y_4 \\ Y_5 \\ Y_6 \\ Y_7 \\ Y_8 \\ Y_9 \\ Y_{10} \\ Y_{11} \\ Y_{12} \end{bmatrix}, \quad e = \begin{bmatrix} e_1 \\ e_2 \\ e_3 \\ e_4 \\ e_5 \\ e_6 \\ e_7 \\ e_8 \\ e_9 \\ e_{10} \\ e_{11} \\ e_{12} \end{bmatrix}$$

このように，因子が増えても同様の表現ができる．しかも，行列で表記すればすべて

$$Y = D\theta + e \tag{5}$$

となる．これをsuperDOE分析によるモデル化という．

5.2 superDOE分析の解法(理論)

ここでは，まず図5-1に$Y = D\theta + e$を図示する．求めたいb_{ij}のすべての空間を$B(\theta)$とすると，$Y - D\hat{\theta}$は実測点Yから空間$B(\theta)$へ下ろした線になる．(5)式にあてはめると，$e = Y - \hat{\theta}$である．すなわち，誤差の大きさにほかならない．

ところが，この部分空間$B(\theta)$を知りたいのであって，実際にはわかってないのである．このとき，もっとも小さくなる $Y - D\hat{\theta}$となる$B(\theta)$を知りたいものであると考えると，この$Y - D\hat{\theta}$と部分空間$B(\theta)$は直角に交わる(図5-1)．これは，線上に書いても同じである．以下に点と線の距離を図示すると，図5-2のようになる．

図5-2からも，点が線に交わるための最短距離は線$B(\theta)$への垂線である

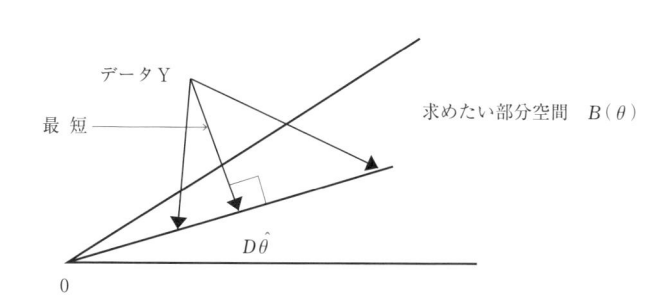

図5-1 実空間を求めたい空間$B(\theta)$との関係

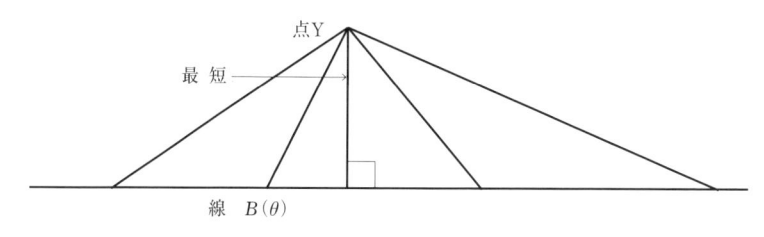

図5-2 二次元空間における$B(\theta)$〔直線〕との関係

第5章 superDOE分析の理論

ことがわかる．このとき，この垂線と線 $B(\theta)$ は直角に交わる．ベクトルの性質より，直角に交わるとき2つのベクトルの内積は0になる．この性質を用いて表現し直すと，

$$D^T(Y-D\hat{\theta})=0$$
$$D^TD\hat{\theta}=D^TY$$

となる．右辺，左辺とも$(1+m)$行，1列の列ベクトルである．

$$D^TD\hat{\theta}=D^TY \tag{6}$$

を最小2乗法における正規方程式という．この(6)式を解くことで求められる θ を最小2乗推定量と呼ぶ．

$$X^{-1}X=1 \text{（逆行列の定義より）}$$
$$X=D^TD$$

とすると

$$(D^TD)^{-1}D^TD=1$$

である．したがって，

$$D^TD\hat{\theta}=D^TY$$

は，

$$(D^TD)^{-1}D^TD\hat{\theta}=(D^TD)^{-1}D^TY$$
$$\hat{\theta}=(D^TD)^{-1}D^TY$$

となる．

この条件は，$(D^TD)^{-1}\neq 0$ が条件である（逆行列が存在すること．言い換えると，行列Dの各列は互いに独立であることが必要である．4章3項の多重共線性の項で述べたように，2つ以上の列が同じ動き（水準パターン）では答えが求められないことを示す）．θの分散は次のとおりである．

$$V(\hat{\theta})=E(\hat{\theta}-\theta)(\hat{\theta}-\theta)^T$$
$$=E\left((D^TD)^{-1}D^TY-\theta\right)\left((D^TD)^{-1}D^TY-\theta\right)^T$$
$$=E\left((D^TD)^{-1}D^T(D\theta+e)-\theta\right)\left((D^TD)^{-1}D^T(D\theta+e)-\theta\right)^T$$

5.2 superDOE 分析の解法（理論）

$$= (D^TD)^{-1}D^TE(ee^T)D(D^TD)^{-1T}$$
$$= \sigma^2(D^TD)^{-1}$$

次に，σ^2 の推定量について見てみよう．Q を射影行列すると，

$$E(Y-D\theta)^T(I-Q)(Y-D\theta)$$
$$= EY^T(I-Q)Y$$
$$= EY^T(I-Q)^2Y$$
$$= E(Y-D\hat{\theta})^T(Y-D\hat{\theta})$$

一方，次のようにも書ける．

$$E(Y-D\theta)^T(I-Q)(Y-D\theta)$$
$$= Ee^T(I-Q)e$$
$$= Etre^T(I-Q)e$$
$$= Etr(I-Q)ee^T$$
$$= tr(I-Q)\sigma^2$$
$$= (n-m)\sigma^2 \quad (\because trQ = m)$$

より，

$$\sigma^2 = \frac{1}{n-m}Y^T(I-Q)Y$$

$$= \frac{1}{n-m}(Y^TY - Y^TQY)$$

$$= \frac{1}{n-m}(Y^TY - Y^TD\hat{\theta})$$

とすれば，これが σ^2 の不偏推定量である．

$$Y - D\hat{\theta} = \tilde{e}$$

が残差の定義である．

$$\tilde{e}^T\tilde{e} = (Y-D\hat{\theta})^T(Y-D\hat{\theta})$$
$$= (Y-QY)^T(Y-QY)$$
$$= Y^T(I-Q)(I-Q)Y$$
$$= Y^T(I-Q)Y$$

第5章　superDOE分析の理論

$$= Y^T Y - Y^T D \hat{\theta}$$

を残差平方和という．

　これで，θ を推定できる．しかし，実験計画法では制約式として，$b_{11} + b_{12} + b_{13} = 0$，$b_{21} + b_{22} + b_{23} + b_{24} = 0$ をおいている．例えば，因子1（加工方法）は3水準である場合，加工方法がAでもBでもなければ，Cであることは確認しなくても自動的に判る．すなわち，因子が3水準の場合はどれかの2水準がどうであるか決まれば，残りの1つの水準は決まってしまい，自由に決めることができない．行列Dを解くときには，因子1についてはどれか2水準の係数を残し解けばよいことになる．もし，このまま回帰分析をしようとしても，正規方程式が解けない（正規方程式の係数行列の値が0になり，逆行列を求めることができない）という事態になる．どの水準を残してもよいが，本書では，第1水準を省く対象とする水準数は因子によってまちまちであるので，必ず含まれる第1水準とした方がわかりやすい．すなわち，$b_{11} = 0$，$b_{21} = 0$ （他の b_{12}，b_{22} でもよい）として回帰係数（b_{ij}，対比，多変量解析の場合は水準スコアという）を求める．このように元の因子が1つであるのに，水準数だけ増やした変数をダミー変数という．ダミー変数を導入するとき，水準数より1つ少ないダミー変数を導入する．このようにすることで解析できるのである．これがsuperDOE分析の特徴である．

　ダミー変数を用いて例題を表すと，

$$Y = b_0 + b_{12} X_{12} + b_{13} X_{13} + b_{22} X_{22} + b_{23} X_{23} + b_{24} X_{24} + e$$

となり，b_0，b_{12}，b_{13}，b_{22}，b_{23}，b_{24}，を求めることができる．

　手元にある解析ツールとしては，重回帰分析のロジックを用いることもできる．このときデータ行列Dは，第1水準を省いたものとすることが必要である．

5.2 superDOE 分析の解法（理論）

$$D = \begin{bmatrix} 1 & X_{12} & X_{13} & X_{22} & X_{23} & X_{24} \\ 1 & X_{12} & X_{13} & X_{22} & X_{23} & X_{24} \\ 1 & X_{12} & X_{13} & X_{22} & X_{23} & X_{24} \\ 1 & X_{12} & X_{13} & X_{22} & X_{23} & X_{24} \\ 1 & X_{12} & X_{13} & X_{22} & X_{23} & X_{24} \\ 1 & X_{12} & X_{13} & X_{22} & X_{23} & X_{24} \\ 1 & X_{12} & X_{13} & X_{22} & X_{23} & X_{24} \\ 1 & X_{12} & X_{13} & X_{22} & X_{23} & X_{24} \\ 1 & X_{12} & X_{13} & X_{22} & X_{23} & X_{24} \\ 1 & X_{12} & X_{13} & X_{22} & X_{23} & X_{24} \\ 1 & X_{12} & X_{13} & X_{22} & X_{23} & X_{24} \\ 1 & X_{12} & X_{13} & X_{22} & X_{23} & X_{24} \end{bmatrix} = \begin{bmatrix} 1 & 0 & 0 & 0 & 0 & 1 \\ 1 & 0 & 0 & 0 & 0 & 0 \\ 1 & 1 & 0 & 0 & 1 & 0 \\ 1 & 0 & 0 & 1 & 0 & 0 \\ 1 & 1 & 0 & 0 & 0 & 1 \\ 1 & 0 & 1 & 0 & 0 & 0 \\ 1 & 0 & 1 & 1 & 0 & 0 \\ 1 & 0 & 1 & 0 & 0 & 1 \\ 1 & 1 & 0 & 0 & 0 & 0 \\ 1 & 0 & 1 & 0 & 1 & 0 \\ 1 & 1 & 0 & 1 & 0 & 0 \\ 1 & 0 & 0 & 0 & 1 & 0 \end{bmatrix}, \; Y = \begin{bmatrix} Y_1 \\ Y_2 \\ Y_3 \\ Y_4 \\ Y_5 \\ Y_6 \\ Y_7 \\ Y_8 \\ Y_9 \\ Y_{10} \\ Y_{11} \\ Y_{12} \end{bmatrix} = \begin{bmatrix} 11.7 \\ 14.0 \\ 11.5 \\ 13.5 \\ 11.5 \\ 13.3 \\ 13.2 \\ 13.0 \\ 13.0 \\ 12.8 \\ 12.5 \\ 13.3 \end{bmatrix}$$

　第1水準を消さないで解析を行うと，解析途中で異常終了する．添付ソフトであるsuperDOE分析ツールを用いるときは，このように計画行列を修正する必要がない．自動的に対処するように作ってある．

　しかし，第1水準$b_{11}=0$，$b_{21}=0$として解いているので，最初に挙げた制約式，

$$b_{11} + b_{12} + b_{13} = 0, \; b_{21} + b_{22} + b_{23} + b_{24} = 0$$

と矛盾する．そのため，解析は第1水準を0として解き，解いた後で，

b_{11}×（第1水準のデータ数）+b_{12}×（第2水準のデータ数）

　　+b_{13}×（第3水準のデータ数）= 0

として，求めた係数を補正している．この補正後の値が実験計画法でいう"対比"になる．それでは，実際の事例で見てみる．表5-8データシートを示す（表5-9は，superDOE分析ソフトによるものである）．対象となる水準のところに1を入れ，非対象の水準のところに0を入れたものである．

　第1因子は3つの水準，第2因子は4つの水準からなる変数（因子）を指定後のデータである．

　次に，計画行列同士を掛けた平方和行列Aを求める．行列のかけ算を何度もするのを防ぐために，特性値Yも組み込んで計算している（それが変数-8のデータ）．

　逆行列を求めるときに，平方和行列A ($D^T D$)の右に単位行列をくっつけ，

第5章 superDOE分析の理論

表5-8　データ表

因子名 水準	変数-1 加工方法 A	変数-2 加工方法 B	変数-3 加工方法 C	変数-4 組立順序 K	変数-5 組立順序 T	変数-6 組立順序 S	変数-7 組立順序 H	変数-8 特性値
1	1	0	0	0	0	0	1	11.7
2	1	0	0	1	0	0	0	14.0
3	0	1	0	0	0	1	0	11.5
4	1	0	0	0	1	0	0	13.5
5	0	1	0	0	0	0	1	11.5
6	0	0	1	1	0	0	0	13.3
7	0	0	1	0	1	0	0	13.2
8	0	0	1	0	0	0	1	13.0
9	0	1	0	1	0	0	0	13.0
10	0	0	1	0	0	1	0	12.8
11	0	1	0	0	1	0	0	12.5
12	1	0	0	0	0	1	0	13.3

表5-9　平方和行列A

	定数	変数-1	変数-2	変数-3	変数-4	変数-5	変数-6	変数-7	変数-8
定数	12	4	4	4	3	3	3	3	153.3
変数-1	4	4	0	0	1	1	1	1	52.5
変数-2	4	0	4	0	1	1	1	1	48.5
変数-3	4	0	0	4	1	1	1	1	52.3
変数-4	3	1	1	1	3	0	0	0	40.3
変数-5	3	1	1	1	0	3	0	0	39.2
変数-6	3	1	1	1	0	0	3	0	37.6
変数-7	3	1	1	1	0	0	0	3	36.2
変数-8	153.3	52.5	48.5	52.3	40.3	39.2	37.6	36.2	1965.75

5.2 superDOE 分析の解法(理論)

表 5-10　平方和行列 A の逆行列

	定数	変数-1	変数-2	変数-3	変数-4	変数-5	変数-6	変数-7
定数	6.000	1.000	-0.667	-0.500	1.000	-0.750	-0.667	0.500
変数-1	-12.000	0.000	2.667	2.000	0.000	0.000	0.000	-1.000
変数-2	-3.000	-1.000	1.333	0.500	0.000	0.000	0.000	-0.250
変数-3	-3.000	-1.000	0.667	1.000	0.000	0.000	0.000	-0.250
変数-4	-12.000	0.000	0.000	0.000	0.000	2.250	2.000	-1.000
変数-5	-4.000	0.000	0.000	0.000	-1.000	1.500	0.667	-0.333
変数-6	-4.000	0.000	0.000	0.000	-1.000	0.750	1.333	-0.333
変数-7	-4.000	0.000	0.000	0.000	-1.000	0.750	0.667	-0.333
変数-8	-165.4	0.000	2.667	0.100	0.000	0.825	1.800	-13.783
	変数-8	変数-9	変数-10	変数-11	変数-12	変数-13	変数-14	変数-15
定数	0.000	-0.250	-0.250	0.000	-0.333	-0.333	-0.333	0.000
変数-1	1.000	1.000	1.000	0.000	0.000	0.000	0.000	0.000
変数-2	0.000	0.500	0.250	0.000	0.000	0.000	0.000	0.000
変数-3	0.000	0.250	0.500	0.000	0.000	0.000	0.000	0.000
変数-4	0.000	0.000	0.000	1.000	1.000	1.000	1.000	0.000
変数-5	0.000	0.000	0.000	0.000	0.667	0.333	0.333	0.000
変数-6	0.000	0.000	0.000	0.000	0.333	0.667	0.333	0.000
変数-7	0.000	0.000	0.000	0.000	0.333	0.333	0.667	0.000
変数-8	0.000	1.000	0.050	0.000	0.367	0.900	1.367	1.000

第5章 superDOE分析の理論

掃き出し計算により逆行列を求めたものである．

追加した単位行列の一番下の行に計数値が出てくる（符号は逆になる）．対応する係数の値のところを太字で示す（表5-10）．

この方法は，特性値Yをデータ行列と同じ行列に入れないで別々に逆行列を求める方法であるので注意．逆行列の求め方は，この方法以外にもいろいろな方法があるので各自がやりやすい方法を用いればよい．

以上より，

$b_0 = 13.783$

$b_{11} = -0.0$（として解いた）

$b_{12} = -1.0$

$b_{13} = -0.05$

$b_{21} = -0.0$（として解いた）

$b_{22} = -0.367$

$b_{23} = -0.960$

$b_{24} = -1.367$

が求まる．これを表にしたものが表5-11である．この表において，表の右側に各係数のt値を示す．

表5-11の係数（水準スコア）を見てみよう．

表5-11 係数表

因子名	水準	係数	C_{ii}	$C_{ii} \cdot V_r$	$\sqrt{C_{ii} \cdot V_r}$	【t値】
定数項	β_0	13.783	0.500	0.131	0.361	38.147
方法	A	−0.000	1.000	0.261	0.511	−0.000
方法	B	−1.000	0.500	0.131	0.361	−2.768
方法	C	−0.050	0.500	0.131	0.361	−0.138
組立順序	K	−0.000	1.000	0.261	0.511	−0.000
組立順序	T	−0.367	0.667	0.174	0.417	−0.879
組立順序	S	−0.900	0.667	0.174	0.417	−2.157
組立順序	H	−1.367	0.667	0.174	0.417	−3.276

5.2 superDOE 分析の解法（理論）

$b_{11} = 0.0$, $b_{12} = -1.0$, $b_{13} = -0.05$

これらのデータ個数は 4 個ずつで，同数であるので，全体の平均は，

$\beta_1 = (0 - 1 - 0.05) / 3 = -1.05 / 3 = -0.35$

となる．因子 1 の各水準スコアからこの値を引くと，因子全体として 0 にできる（制約式の，$b_{11} + b_{12} + b_{13} = 0.0$ に対応している）．

したがって，補正した係数は

$b'_{11} = 0.0 - (-0.35) = 0.35$

$b'_{12} = -1.0 - (-0.35) = -0.65$

$b'_{13} = -0.05 - (-0.35) = 0.30$

となる．同様に，因子 2 の各水準スコアを補正してみる．

$\beta_2 = (-0.0 - 0.367 - 0.960 - 1.367) / 4 = -2.694 / 4 = -0.6735$

であるので，-0.6735 を補正すると，

$b'_{21} = -0.0 - (-0.6735) = 0.6735$

$b'_{22} = -0.367 - (-0.6735) = 0.3065$

$b'_{23} = -0.960 - (-0.6735) = -0.2865$

$b'_{24} = -1.367 - (-0.6735) = -0.6935$

となる．これらから，補正された定数項は，

$b'_0 = 13.783 + (-0.35) + (-0.6735) = 12.7595$

となる．これが全体の平均（全平均という）になる．これらの補正は必ずしも必要ではない．全体の平均に対して正負どちらに影響しているかを一目でわかるように修正した．

特性値が大きい方が望ましいとすれば，因子 1 の各水準では，b_{11}（方法 A）がよく，b_{12}（方法 B）がよくない．因子 2 の各水準では，b_{21}（組立順序 K）がよく，b_{24}（組立順序 H）がよくない（特性値が小さい方が望ましいときは反対になる）．

また，因子 1 の各水準スコアの（最大値－最小値）= 1.0 と因子 2 の各水準スコア（最大値－最小値）= 1.367 を見ると，特性値に与える影響の大きさがわかる．因子 2 のほうが影響が大きい．この例題の所期の目的は，ばらつきを減らすことにあったことを思い出すと，因子 2 の組立順序によって何が違っている

第5章 superDOE分析の理論

かをさらに検討することで，解決の方策が見つかるであろう．

次に，回帰式として採用することに意味があるかを検定する．この検定は表5-12の分散分析表を用いてF検定を行う．使用ソフトはこのαを毎回聞いてくるので，使用するときの問題によって適切なα（第1種の危険率）を設定して解析を行うこと．

$F(7, 4; 0.20) = 2.47$より，この回帰式のF値（表の中の"観測された分散比"の数値）は大きいので，今回の解析の結果を採用することにする（参考；$F(7, 4; 0.14) = 3.18$でおよそ$\alpha = 0.14$のレベルであろう）．

以上から，寄与率，重相関係数を求める（S_eは誤差平方和，S_{YY}は全平方和）．

$$R^2 = 1 - \frac{S_e}{S_{YY}} = 1 - \frac{1.567}{7.343} = 0.7866$$

$$R = \sqrt{0.7866} = 0.8869$$

表にすると，表5-13のようになる．標準誤差は，分散分析の誤差分散の平方根で求まる．

表5-12 分散分析表

	平方和	自由度	分散	観測された分散比	検定有意F
回帰	5.776	7	0.825	3.160	4.207
残差	1.567	4	0.261		
合計	7.343	11			

表5-13 回帰統計

重相関係数R	0.8869
寄与率 R^2	0.7866
誤差の標準偏差	0.51099
観測数	12
有効反復数	2

5.2 superDOE 分析の解法（理論）

$$\hat{\sigma}_e = \sqrt{0.261111} = 0.51099$$

実務においては，重相関係数 R が1に近いことも重要であるが，この誤差の標準偏差の大きさが許容できる程度か否かの方が重要である．いくら重相関係数 R が1に近くても，必要とする精度に比べて，この誤差の標準偏差の大きさが無視できないときは，さらなる検討や研究が必要となる．この逆に，重相関係数 R が低くても，誤差の標準偏差の大きさが必要とする精度に対し無視できるぐらい小さければ，特性値の平均値だけをコントロールすればよいというように問題が簡単になる．

最後に，各サンプルごとの因子水準組み合わせによる実測値・推定値と残差を表5-14に示す．この残差を誤差の標準偏差で割った規準化残差を示す．表

表5-14 各サンプルの推定値と残差の表

水準	実測値	推定値	残差	規準化残差	区間下限	区間上限	区間幅
1	11.70	12.42	−0.72	−1.40	11.53	13.30	0.88
2	14.00	13.78	0.22	0.42	12.90	14.67	0.88
3	11.50	11.88	−0.38	−0.75	11.00	12.77	0.88
4	13.50	13.42	0.08	0.16	12.53	14.30	0.88
5	11.50	11.42	0.08	0.16	10.53	12.30	0.88
6	13.30	13.73	−0.43	−0.85	12.85	14.62	0.88
7	13.20	13.37	−0.17	−0.33	12.48	14.25	0.88
8	13.00	12.37	0.63	1.24	11.48	13.25	0.88
9	13.00	12.78	0.22	0.42	11.90	13.67	0.88
10	12.80	12.83	−0.03	−0.07	11.95	13.72	0.88
11	12.50	12.42	0.08	0.16	11.53	13.30	0.88
12	13.30	12.88	0.42	0.82	12.00	13.77	0.88

（注） $\beta = 0.05$

第5章 superDOE分析の理論

の右側は，危険率 $\beta = 0.05$，言い換えれば信頼率 95％での母平均の区間推定値を示す．そのサンプル番号における水準組み合わせにおける母平均の点推定値が"推定値"であって，これに"区間幅"を加えたものが"区間上限"で，減じたものが"区間下限"である．

区間上限値＝推定値＋区間幅

区間下限値＝推定値－区間幅

$$区間 Q = t(誤差の自由度, 危険率) \sqrt{\frac{誤差の分散}{有効繰り返し数}} = t(\phi_e, \beta) \sqrt{\frac{V_e}{n_e}}$$

ここで，n_e は有効繰り返し数と呼ばれるもので，

$$\frac{1}{有効繰り返し数} = \frac{1}{n_e} = \frac{1 + 有意な因子の自由度の和}{全データ数} = \frac{1 + \phi_R}{n}$$

で定義される．

表 5-15 に，参考のために，各変数間の単相関行列を示す．

表 5-15　単相関行列

	変数-1	変数-2	変数-3	変数-4	変数-5	変数-6	変数-7	変数-8
相関係数	A	B	C	K	T	S	H	
変数-1	1.000							
変数-2	-0.500	1.000						
変数-3	-0.500	-0.500	1.000					
変数-4	-0.000	-0.000	-0.000	1.000				
変数-5	-0.000	-0.000	-0.000	-0.333	1.000			
変数-6	0.000	0.000	-0.000	-0.333	-0.333	1.000		
変数-7	-0.000	-0.000	-0.000	-0.333	-0.333	-0.333	1.000	
変数-8	0.316	-0.588	0.271	0.486	0.215	-0.178	-0.523	1.000

5.2 superDOE分析の解法（理論）

★最低限知っていると理解が深まる統計的知識

本書のsuperDOE分析を活用するにあたり，理論的な背景を深めたい人は，次の項目については理解しておくとよい．

(1) 検定の考え方
(2) 分散分析の方法と意味
(3) 線形式の見方
(4) 誤差の概念と正規分布

【メモ1】 重相関係数の意味について

本書の中で，出てくる用語で，知っておくと理解が促進するものを以下に説明する．

実際の観測値Yと回帰で求めた推定値Yとの相関係数が重相関係数である．通常でいう相関係数は，$Y = a + bX$を考えた場合，Xのデータのバラツキ S_{XX}（これを平方和といい，$S_{XX} = \sum (X_1 - \bar{X})^2$ で求める），Yのデータのバラツキ S_{YY}（$S_{YY} = \sum (Y_1 - \bar{Y})^2$），XとYのデータのバラツキ S_{XY}（$S_{YY} = \sum (X_1 - \bar{X})(Y_1 - \bar{Y})$）を用いて，$r = \dfrac{S_{XY}}{\sqrt{S_{XX} \cdot S_{YY}}}$ として求める．

重相関係数は同様に，$R = \dfrac{S_{Yy}}{\sqrt{S_{YY} \cdot S_{yy}}}$ となる．通常の相関係数と違うのは，重相関係数は必ず正の数値になる（$0 \leq R \leq 1$）．ここで，Yは実測値で，yは回帰式で求めた推定値である．

【メモ2】 分散分析による検定について

分散分析は特性値の動きを，因子の水準が変わることによる部分と，関係ない部分（誤差という）に分け，因子の水準が変わることによる部分（因子による分散）が誤差分散の何倍になるかを求め，この係数が意味のあるものか否かを調べるものである．この比率が統計分布であるF分布に従うことを利用し，検定するものである．

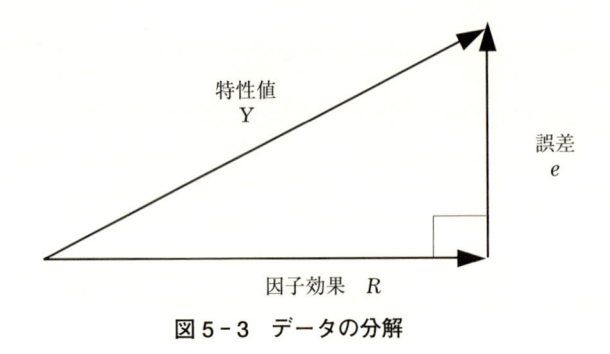

第5章　superDOE分析の理論

図5-3　データの分解

【メモ3】　データの分解

データはそのままでは分解できない．しかし，2乗すると，直角にデータを分解できる．直角というのは片方Rが動いても，もう一方のデータeは影響されないことを意味している．これを独立という(平方和の直交分解)．

直角三角形を考えてみるとよい．中学校のとき習った三平方の定理(ピタゴラスの定理)である．

$$Y^2 = R^2 + e^2$$

ここで，全平均からのずれでY, R, eを表している．2乗は偏差平方和に対応していると考えるとよい(図5-3)．

【メモ4】　求められた係数のt検定について

求められた係数をb_i，母偏回帰係数をβ_iとし，データの平方和行列の逆行列のi番目の成分をS^{ii}，誤差分散をσ^2(観測値として，V_e，すなわち，$E[V_e] = \sigma^2$)とすると，

$$E[b_i] = \beta_i$$
$$V[b_i] = S^{ii}\sigma^2 \quad (i = 1, 2, \cdots, p)$$

である．これらより，

$$t = \frac{b_1 - \beta_1}{\sqrt{S^{ii} V_e}}$$

を考えると，このt値は，自由度(n−p−1)のt分布に従う．したがって，求

めた t 値が危険率 α の t 値 $[t(n-p-1, \alpha)]$ より，絶対値で大きければ，母偏回帰係数を β_i と違うという結論を得ることができる．絶対値が $t(n-p-1, \alpha)$ より小さければ，違うとはいえないという結論になる．今回の解析においては，この変数を回帰式に取り込むことが意味があるかどうかをみたいので，$\beta_i = 0$ として，

$$t = \frac{b_1 - 0}{\sqrt{S^{ii} V_e}}$$

すなわち，

$$t = \frac{b_1}{\sqrt{S^{ii} V_e}}$$

を検定すればよいことになる．検定して，有意でないということは，係数を 0 と考え，この変数は特性値に影響しないことを意味する．

【付録】 統計数値表について

superDOE 分析の中で，各種検定や推定に統計分布を利用している．通常の書籍の巻末にはこの統計分布の確率を求めるための数値表を付録として付けている．本書では，従来の表を添付するのではなく，エクセルで作成した表を添付する．ファイル名称は"統計数値表.xls"である．このソフトは，従来どおり表としても使えるが，必要な値をその都度計算するための，機能を付与してある．以下にその使い方を説明する．

［ソフトの起動］

付属した CD-ROM の中の，"統計数値表.xls"にカーソルをおいてダブルクリックする．これが，図 5-4 に示すメニュー画面である．

画面の左側の白抜きのところが，それぞれの分布の計算を開始するボタンになっている．このボタンをマウスで左クリックするとそのボタンに書かれている計算がされる．その算出に必要な条件を順番に聞いてくる．必要な条件を入力する．エクセルのセルに直接値を入力しても正しく計算されない．画面の右側は，入力した値の確認用である．計算結果は，画面の G 列である"計算結果"に表示される．

第5章　superDOE分析の理論

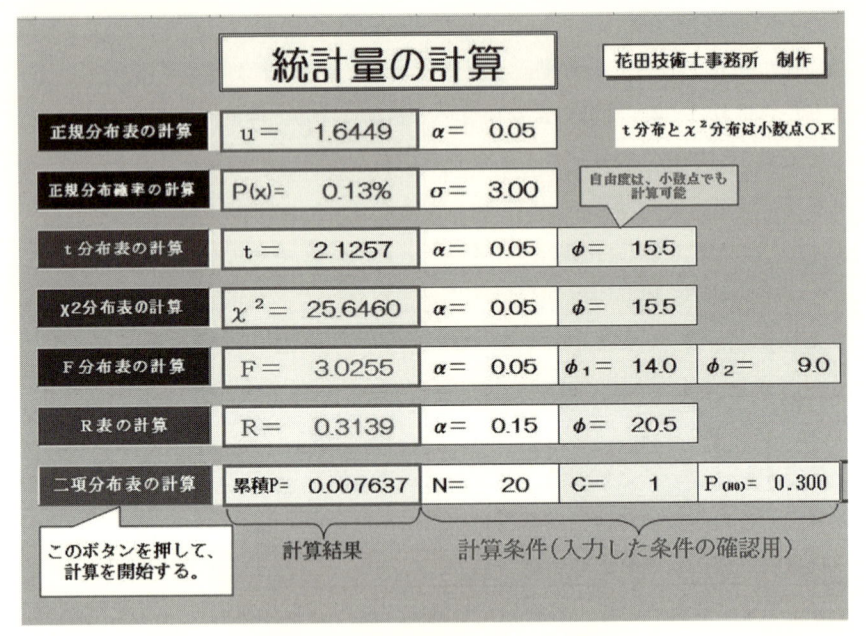

```
                  統計量の計算              花田技術士事務所　制作

  正規分布表の計算    u＝　1.6449    α＝　0.05      t分布とχ²分布は小数点OK

  正規分布確率の計算   P(x)＝　0.13%   σ＝　3.00    自由度は，小数点でも計算可能

  t分布表の計算     t＝　2.1257    α＝　0.05    φ＝　15.5

  χ2分布表の計算    χ²＝　25.6460   α＝　0.05    φ＝　15.5

  F分布表の計算     F＝　3.0255    α＝　0.05    φ₁＝　14.0   φ₂＝　9.0

  R表の計算       R＝　0.3139    α＝　0.15    φ＝　20.5

  二項分布表の計算   累積P＝　0.007637   N＝　20    C＝　1    P(H0)＝　0.300

 このボタンを押して，    計算結果        計算条件（入力した条件の確認用）
 計算を開始する．
```

図5-4　統計数値表メニュー画面

［正規分布表の計算］

　これは，正規分布の確率 α から，この α になる標準偏差の倍数を求めるものである．例えば，
$\alpha = 0.05$（5％）であれば，計算結果は1.6449と表示される．これは標準偏差の1.6449倍のところが確率0.05であることを示している．

　手順-1："正規分布表の計算"ボタンを左クリックする．

　手順-2：求めたい確率を入力し，OKボタンを押す（図5-5）．

　このとき，入力できる値は，0から1の間の数値を指定する．確率は通常の単位で入力すること．％単位では入れないこと（入れると異常終了する．この時は"終了"ボタンを押し，最初からやり直す）．

　手順-3：算出された結果の表示

　結果は $u = $ "＊＊＊＊＊" と表示される．この数値は，標準偏差の何倍である

5.2 superDOE 分析の解法（理論）

[Microsoft Excel ダイアログ: 求めたい確率を入れて下さい。（片側確率）α＝ 0.05]

図 5-5　正規分布表の計算　手順-2

かを示している．
［正規分布確率の計算］
　これは，正規分布の標準偏差の倍数から，確率 α を求めるものである．たとえば，$k = 2.10$
であれば，計算結果は $a = 0.0179 (1.79\%)$ と表示される．これは標準偏差の 2.10 倍のところが確率 1.79 % であることを示している．この確率は，指定した位置より外側の確率を表すことに注意（図 5-6）．
　手順-1："正規分布表の計算"ボタンを左クリックする．
　手順-2：標準偏差の倍数 k を指定する．OK を押す（図 5-7）．
　正規分布は左右対称であるので，負の場合は －（マイナス）記号をとって入力する．

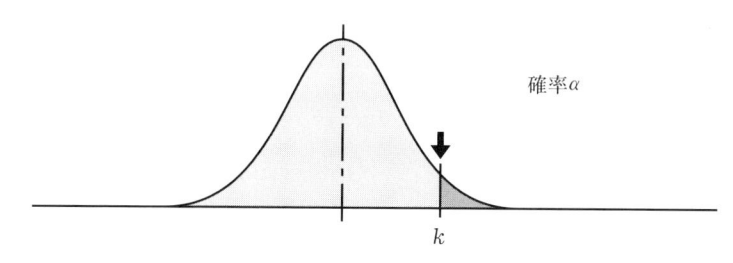

図 5-6　正規分布の確率密度関数と $k\sigma$ における確率 α

第5章 superDOE分析の理論

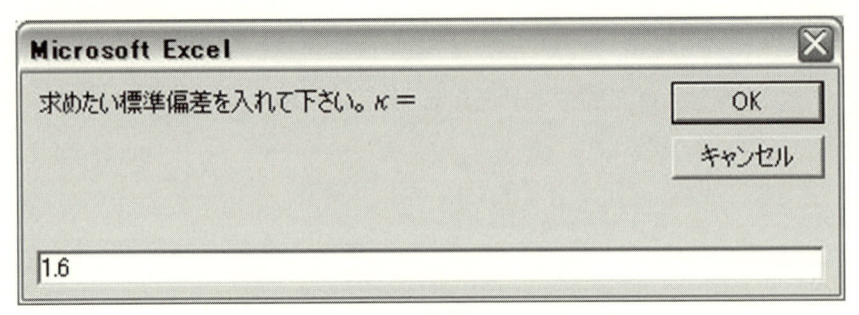

図5-7　正規分布確率の計算　手順-2

　　手順-3：算出された結果の表示
　画面に，$P(x)=$ "1.79" と表示される．この数値は，標準偏差の 2.10 倍は確率 1.79 ％であること示している．
［t 分布表の計算］
　superDOE 分析では，t 検定として因子の水準ごとの効果を表す "求められた係数" が 0 であるか否かをチェックするのに用いられている．
　　手順-1："t 分布表の計算" ボタンを左クリックする(図5-8)．
　　手順-2：求めたい確率 α を指定し，OK を押す(両側確率になっている図
　　　　　　5-9 参照)．
　　手順-3：自由度(＝サンプル数－1)を入力し，OK を押す(図5-10)．
　　手順-4：算出された結果の表示
　結果が，$t=$ "1.7341" と表示される(図5-11)．この数値は，標準偏差の 1.73410 倍は確率 10 ％であること示している．
［F 分布表の計算］
　superDOE 分析では，分散分析表の因子の効果を表す "分散比＝因子の分散／誤差(残差)の分散" について意味があるか否かを F 検定によりチェックしている．この F 検定では，分子にもってきた因子の自由度，分母にもってきた因子の自由度(誤差 or 残差)と危険率 α を決めてやると，F 値が求まる．これが検定の基準値である．

5.2 superDOE分析の解法(理論)

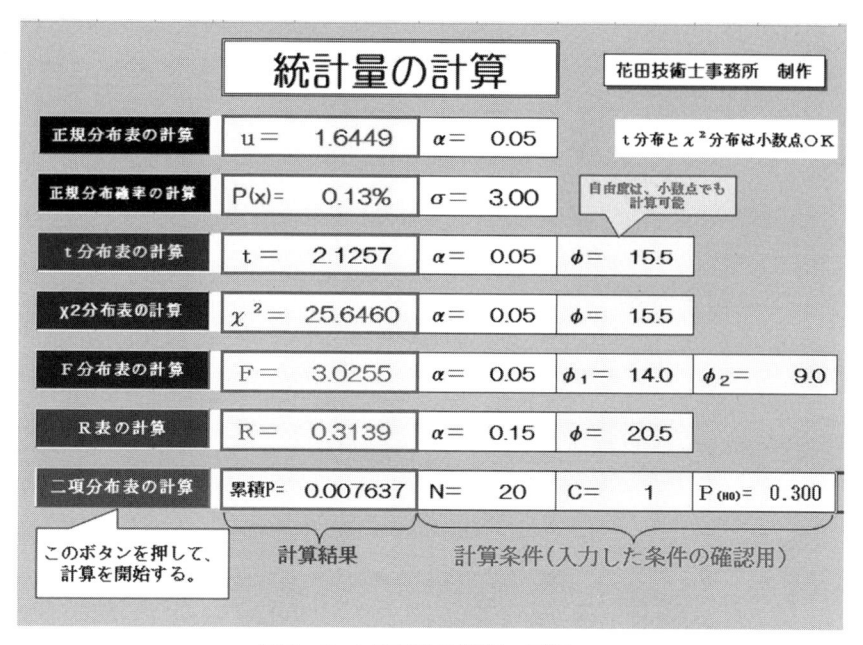

図5-8 t分布表の計算 手順-1

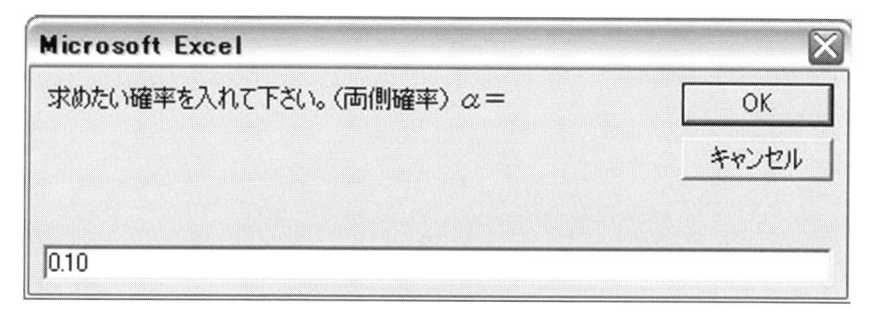

図5-9 t分布表の計算 手順-2

第5章　superDOE分析の理論

図5-10　t分布表の計算　手順-3

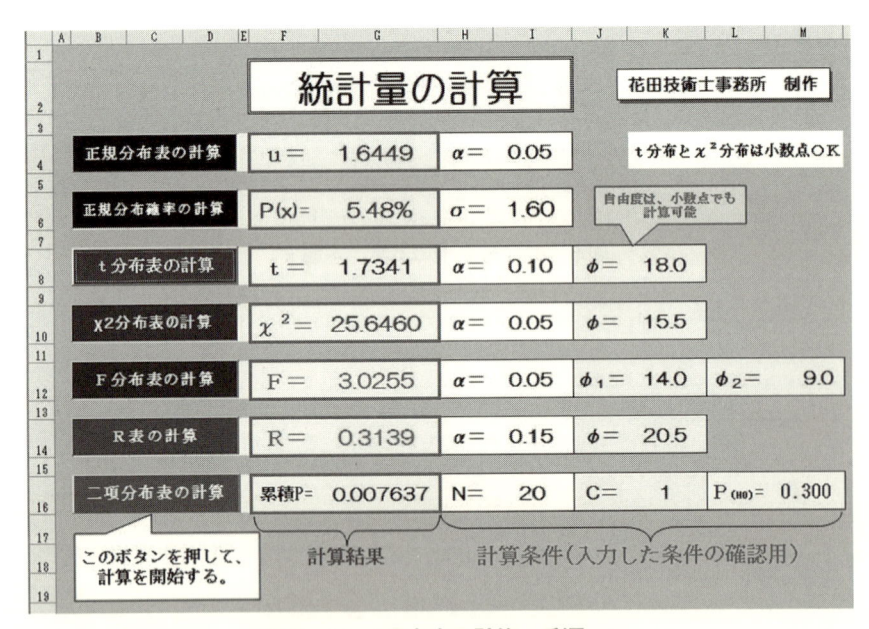

図5-11　t分布表の計算　手順-4

手順-1："F分布表の計算"ボタンを左クリックする．

手順-2：求めたい確率αを指定し，OKを押す（図5-12）．

手順-3：分子に取り上げた因子の自由度（＝水準数-1）を入力し，OKを押す（図5-13）．

5.2 superDOE分析の解法(理論)

図5-12　F分布表の計算　手順-2

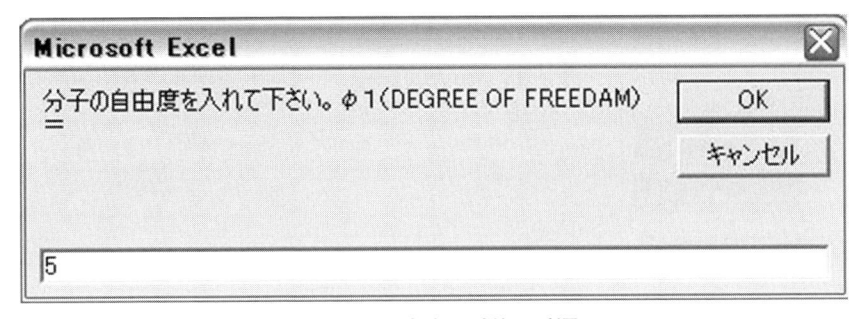

図5-13　F分布表の計算　手順-3

superDOE分析では因子全体の効果を確認する場合は，すべての因子の自由度合計を入力する．

　手順-4：分母に取り上げた因子の自由度(＝通常誤差の自由度)を入力し，
　　　　　OKを押す(図5-14)．

　手順-5：算出された結果の表示

結果が，$F = 1.8027$ と表示される(表5-15)．この値が基準値となる．この値より大きければ意味がある(有意である)ことになる．

第 5 章　superDOE分析の理論

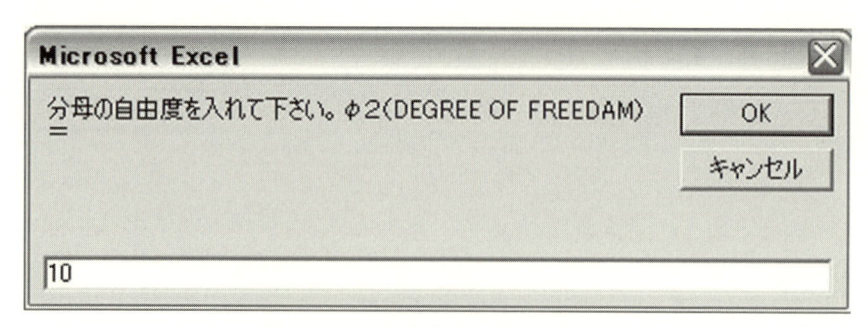

図 5-14　F 分布表の計算　手順-4

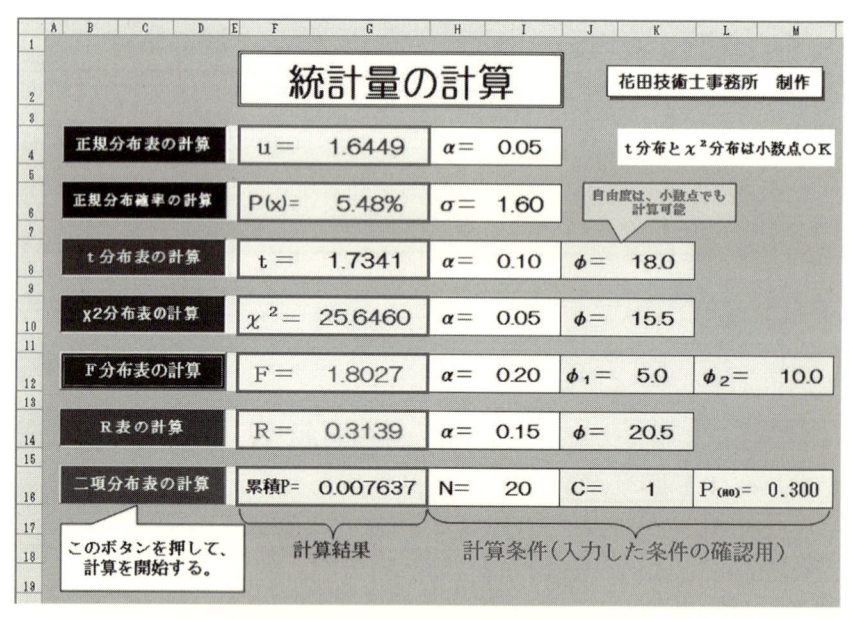

図 5-15　F 分布表の計算　手順-5

［統計数値表の見方］

　以上は，必要な統計量を自分で求める方法であるが，従来の方法のように表で見たい人はこのシートの下に数のような"シートタグ"が表示されている（図

5.2 superDOE 分析の解法(理論)

5-16). 統計数値表は，① 正規分布，② t 分布，③ χ^2 分布，④ 確率5％の F 分布，⑤ 確率1％の F 分布，⑥ r 表(相関係数の検定用)を準備してある．

この表示がない場合は，設定で非表示にしているためである．解除するには，"ツール(T)"⇒"オプション(O)"⇒"表示"⇒"シート見出し(B)"にチェックを入れる(マウスで左クリックする)⇒OK を押すとよい．

図 5-16　画面下の"シートタグ"

【参考文献】

安藤貞一・田坂誠男：『実験計画法入門』，日科技連出版社，1986年．

奥野忠一・芳賀敏郎：『実験計画法』，培風館，1969年．

宇喜多義昌：『実験計画法』，森北出版，1975年．

石井吾郎：『実験計画法の基礎』，サイエンス社，1972年．

朝尾　正 他：『最新実験計画法』，日科技連出版社，1973年．

楠　正 他：『応用実験計画法』，日科技連出版社，1995年．

安藤貞一・朝尾正：『実験計画法演習』，日科技連出版社，1968年．

内田　治：『エクセルで学ぶ実験計画法』，オーム社，2002年．

小林龍一：『数量化理論入門』，日科技連出版社，1981年．

石井吾郎：『実験計画法／配置の理論』，培風館，1972年．

田口玄一：『直交表と線点図』，丸善，1962年．

付属CD‐ROMについて

■収録内容

本書の付属CD‐ROMには，superDOE分析の機能を組み込んであります．したがって，DOE分析で必要となる2水準の直交表解析と，重回帰分析を知らなくても利用できるのが特徴です．本書の第1章だけを読めば，効率のよい実験を計画し解析することが可能になります．

■使い方

付属CD‐ROMを，CD‐ROMドライブにセットし，CD‐ROM内のファイル名をダブルクリックしてください．

このsuperDOE分析ツールは，エクセルの上で動作する，VB（ビジュアルベーシック）で作成しました（Windows98，Me，XP，Vista，Windows7，およびエクセル97，2000，XP，2007，2010で動作確認済み）．直交表の割付方法だけを学べば，一発で解析できるようなソフトが，添付のsuperDOE分析ツールです．

また，互換性については，Microsoft社のホームページのサポート技術情報で確認してください．

■動作環境

CD‐ROMの内容をご覧になるには，解像度800×600以上のモニターが必要です．

■ご注意（免責事項）

付属CD‐ROMに収録されたデータについて，著者，出版社のいずれも，ご使用になられて生じた損害に対してサポートの義務を負うものではなく，これらが任意の環境で動作することを保証するものではありません．

また，付属CD‐ROM内のデータは，著作権法によって保護されています．

索　引

【あ行】

あそび列法　*4*
一元配置実験　*96*
因子　*11, 12*
　——効果　*110*
F検定　*7, 13*
F分布表　*176*
L_8直交表　*43*
$L_9(3^4)$直交表　*54*
L_{16}直交表　*48*
$L_{16}(2^{15})$直交表　*48, 75*
$L_{16}(4^5)$直交表　*66*
$L_{25}(5^6)$直交表　*70*
$L_{27}(2^{13})$直交表　*58*

【か行】

回帰係数　*5*
回帰統計　*21*
回帰の自由度　*12*
回帰モデル　*155*
解析可能条件　*141*
解析変数　*12*
課題・問題解決　*5*
　——業務　*8*

危険率α　*12*
規準化残差　*24, 96, 169*
擬水準　*82*
　——法　*4, 83*
QS-9000　*iv, 3, 10*
寄与率　*22*
区間下限　*24, 25*
区間上限　*24, 25*
区間推定　*13, 24*
区間幅　*25*
組み合わせ効果　*108*
組み合わせ作用効果　*109*
組み合わせ水準の作り方　*129*
組み合わせ法　*4*
計画行列　*155, 163*
係数表　*38*
系統誤差　*11*
欠測値　*4, 9, 99, 133*
決定係数　*38*
検定　*13*
　——基準　*24*
交互作用　*16, 28, 29, 104, 127*
　——効果　*11, 31, 35, 107*
合成変数　*76*
構造式　*151*

索　引

交絡　142
　　──法　4
誤差にプーリングする　40
誤差の自由度　12
誤差の評価　31
誤差の標準偏差　22
誤差列　12
固有技術　40
混合模型　119, 121

【さ行】

再現性　29
最適条件　5
最適水準組み合わせ　8, 13
残差　24
　　──分析　14
シグマ　22
シックスシグマ　iv, 3, 4, 10
実験計画法　iii, 4, 10, 23
　　──のモデル　155
実測値　96
重回帰分析　4, 5, 9
重相関係数　38, 171
主効果　16, 29, 31
処理番号　18
信頼限界　5
信頼度　5, 25, 27
　　──の変更　27
推定値　96
スクリーニング実験　6

superDOE分析（スーパー DOE分析）
　　iii, 1, 9, 10, 11, 12
　　──によるモデル化　158
正規分布確率　175
正規分布表　174
制約式　90
線形式　155
線形モデル　155
全社的品質管理活動　iii, 3
全体手順　15
線点図　30
相関係数　143, 171

【た行】

対比　24, 87, 135
多因子実験　29
田口の直交表　31
多重共線性　127, 142, 143
多水準因子の交互作用効果　133
多水準法　4, 75
多水準列　75
多変量解析　152
ダミー変数　152, 162
逐次実験　28
直交性　12
直交の意味　88
直交表　iii, 4, 29
　　──解析　5
　　──の性質　88
TS16949　10

索　引

DOE分析　　*iv*, 3, 4, 10
TQC　　*iii*, 3
t 検定　　172
デザイン行列　　155
データの構造式　　121
データの分析　　172
t 分布　　172
　　――表　　176
点推定　　24
統計数値表　　173

【な行】

内積　　91
2因子交互作用因子　　35
二元配置実験　　102

【は行】

表示順序の変更　　26
標準偏差　　22
品質工学　　4
VB（ビジュアルベーシック）　　5
プーリング　　12, 26
分散の合成　　124
分散比　　23
分散分析　　35
　　――表　　7, 12, 38
平方和の直交分解　　172

平方和の出方　　112
変量因子　　121
母数因子　　121
母平均　　27
　　――の区間推定　　5
　　――の推定　　5
　　――の点推定値　　8

【ま行】

森口の直交表　　31

【や行】

有意 F 値　　39
有意水準 α　　58
有効繰り返し数　　38, 170
有効反復数（n_e）　　14, 22, 25
要因探索　　6, 7
　　――実験　　6

【ら行】

乱数　　11
ランダマイズ　　11
ランダム　　102

【わ行】

割り付け表　　28

187

著者略歴

花田　憲三（はなだ　けんぞう）

1950 年	大阪府生まれ
1974 年	大阪府立大学工学部金属工学科卒業後，㈱中山製鋼所に勤務，各種設備の企画・建設・立ち上げ・標準化，品質管理システムの開発・構築，生産管理システムの開発・構築，設備自動制御システムの開発・構築，人工知能システム，TQM を活用した工場運営などの業務に従事．
現　在	花田技術士事務所所長．
	(一財)日本科学技術連盟 講師(実験計画法ほか)．
著　書	『鉄鋼業 AI 時代』（共著，産業新聞社，1994 年）
	『実務にすぐ役立つ実践的多変量解析法—super MA 分析—』（日科技連出版社，2006 年）
資　格	技術士：経営工学(品質管理，登録番号：40192)
	博士(情報科学：大阪大学)

実務にすぐ役立つ実践的実験計画法
— superDOE 分析 —

2004 年 8 月 26 日　第 1 刷発行
2019 年 4 月 10 日　第 6 刷発行

著　者　花　田　憲　三
発行人　戸　羽　節　文

発行所　株式会社 日科技連出版社
〒151-0051　東京都渋谷区千駄ヶ谷 5-15-5
　　　　　　DS ビル
電　話　出版　03-5379-1244
　　　　営業　03-5379-1238

検印省略

Printed in Japan　　印刷・製本　河北印刷株式会社

© Yoshino Hanada 2004
ISBN978-4-8171-0388-8
URL http：//www.juse-p.co.jp/

書名	著者	判型・頁数
ＳＱＣ教育改革	永田　靖　著	四六判・208頁
入門実験計画法	永田　靖　著	A5・400頁
統計的方法のしくみ	永田　靖　著	A5・256頁
経営・経済系のための統計学	桑田秀夫　著	A5・206頁
新版 品質管理のための 統計的方法入門	鐵　健司　著	A5・312頁
統計的方法百問百答	近藤良夫・安藤貞一著	A5・230頁
新編統計的方法演習	草場郁郎　著	A5・260頁
統計解析プログラムの基礎	芳賀敏郎・橋本茂司著	A5・236頁
分散分析法入門	石川　馨・米山高範著	A5・242頁
品質管理のための実験計画法テキスト(改訂新版)	中里・川崎・平栗・大滝著	A5・320頁
実験計画法入門	安藤貞一・田坂誠男著	A5・272頁
最新実験計画法	安藤・朝尾・楠・中村著	A5・434頁
応用２進木解析法	大滝　厚　ほか著	A5・288頁
応用実験計画法	楠　正　ほか著	A5・352頁
グラフィカルモデリングの実際	日本品質管理学会テクノメトリックス研究会編	A5・262頁
多変量解析法(改訂版)	奥野・芳賀・久米・吉澤著	A5・438頁

やさしい統計の本

書名	著者	判型・頁数
確率のはなし(改訂版)	大村　平　著	B6・328頁
統計のはなし(改訂版)	大村　平　著	B6・304頁
統計解析のはなし(改訂版)	大村　平　著	B6・310頁
実験計画と分散分析のはなし(改訂版)	大村　平　著	B6・232頁
多変量解析のはなし(改訂版)	大村　平　著	B6・238頁

日科技連出版社

URL http://www.juse-p.co.jp/